Betrieb und Bedienung von ortsfesten Viertakt-Dieselmaschinen

Von

Arthur Balog und **Salomon Sygall**
Dipl.-Ingenieur   Werkführer

Mit 58 Textfiguren und 8 Tafeln

Springer-Verlag Berlin Heidelberg GmbH

1920

ISBN 978-3-662-24449-4   ISBN 978-3-662-26592-5 (eBook)
DOI 10.1007/978-3-662-26592-5

Vorwort.

Die beiden Verfasser, Fachleute der Theorie, Konstruktion und
Praxis von Dieselmotoren, die sich seit der Marktfähigkeit dieser Motore
mit ihrem Bau beschäftigen, haben sich entschlossen, ihre Erfahrungen
zu sammeln und der Öffentlichkeit zu übergeben. Da dieses Buch für
Personen bestimmt ist, die sich mit dem Dieselmotor berufsmäßig beschäftigen, so wurde die allgemeine Konstruktion der Maschine als bekannt vorausgesetzt. Die Absicht der Verfasser ging dahin, für den
Fall der zumeist vorkommenden Störungen zur raschen und erfolgreichen
Abhilfe Ratschläge zu erteilen; natürlich konnten nicht alle vorkommenden
Fälle angeführt werden; dies würde auch über den Rahmen dieses Buches
hinausgehen; denn es gibt Fragen, deren Lösung nicht mehr im Wirkungs-
kreise des Maschinenpersonals, sondern in dem des Maschinenlieferanten
liegt. Die Abhandlung ist in Form von Fragen gewählt, welche Form
aus dem Grunde für zweckmäßig gefunden wurde, weil dem Bedienungspersonal, Werkführer usw. stets diese Fragen auftauchen, deren Lösung
ihnen oft aus Mangel an umfassenderen Kenntnissen Schwierigkeiten
bereitet.

Es sei noch erwähnt, daß über einzelne Teile in verschiedenen Ab-
schnitten dieselben Ausführungen wiederholt sind; es handelt sich dabei
um solche Teile, deren Funktion von ganz besonderer Wichtigkeit ist,
und die sich dem Leser besonders einprägen sollen.

Die Verfasser haben größtes Gewicht darauf gelegt, Klarheit darüber
zu geben, welche üblen Folgen eine nachlässige, oberflächliche und nicht
sachgemäße Wartung der Dieselmaschinen mit sich bringt, und falls die
Bestrebungen der Verfasser, hierüber aufklärend zu wirken und darin
Wandel zu schaffen, von Erfolg begleitet werden, so haben sie mit der
Abfassung dieses Buches keine unnütze Arbeit verrichtet.

Budapest, im Mai 1919.

Arthur Balog.   Salomon Sygall.

Inhaltsverzeichnis.

I. Die Grundplatte mit den Hauptlagern.

Zunächst und am häufigsten von den vorkommenden Störungen tritt ein Warmlaufen der Lager auf.

1. Durch welche Umstände wird das Warmlaufen der Hauptlager der Grundplatte verursacht und welche sind die zu befürchtenden Folgen?

Das Warmlaufen der Hauptwellenlager kann hervorgerufen werden:

a. durch unrichtige Schmierung, z. B. durch Verwendung von nicht geeignetem Schmieröl, oder durch zu langen Gebrauch des gleichen Öles, weil dabei das Öl steif wird (Verharzung des Öles), so daß sich die Schmierringe der durchwegs als Ringschmierlager ausgebildeten Lager nicht mehr drehen können;

b. durch die Verwendung von Lagermetall (Komposition), dessen Beschaffenheit den hohen Beanspruchungen bei Dieselmaschinen nicht entspricht, wodurch ein zu rascher Verschleiß der Lagerschalen und damit eine schlechte Auflage der Welle herbeigeführt wird;

c. durch unrichtigen Einbau der Lagerschalen, wenn gelegentlich des neuen Zusammenpassens abgenützter Lagerschalen nicht richtig bemessene Einlage (Instrumentenblech) unter die Lagerschalen gelegt wird.

Eine nicht rechtzeitige Beseitigung der Schäden in den erwähnten Fällen führt oft in kurzer Zeit zum Wellenbruch. Hierüber werden wir später, gelegentlich der Besprechung der Welle noch Näheres mitteilen.

Außer der Ringschmierung kommt bei Hauptlagern noch Druckschmierung vor, bei welcher das Öl durch eine Pumpe unter Druck in die hohle Kurbelwelle hineingepreßt und so den Lagern zugeführt wird, wo es gleichzeitig auch als Kühlmittel wirkt. Diese Art der Schmierung findet aber nur bei größeren Einheiten (von 125 PS Zylindereinheiten aufwärts) und bei Schnelläufern Anwendung.

2. Welche Zusammensetzung soll gutes Lagermetall im Mittel aufweisen und wie werden die Lagerschalen mit Lagermetall ausgegossen?

Je nach der Verwendungsart ist die Zusammensetzung von Weißmetall verschieden; ein mittelhartes Lagermetall, daß sich bei Dieselmaschinen gut bewährt hat, ist folgendes: 80 $^0/_0$ Zinn, 16—17 $^0/_0$ Antimon und 3—4 $^0/_0$ Kupfer. Der Schmelzpunkt dieses Metalls liegt bei 270 ^{0} C.

Weichere Legierungen enthalten weniger Antimon, härtere mehr Antimon und Kupfer, wie vorstehende Legierung angibt. Bleizusatz macht das Weißmetall minderwertig, weich und weniger widerstandsfähig und ist für Dieselmaschinenlager unter allen Umständen zu vermeiden.

Vor dem Ausgießen werden die Lagerschalen mittels Lötwasser oder Salzsäure gebeizt, um jedwede Unreinigkeit zu beseitigen, alsdann mit Zinn bestrichen und mittels eines Eisendrahtes zusammengebunden. Hierauf werden sie im Holzkohlenfeuer angewärmt und nachdem die Mitte durch einen Dorn von einem etwas kleineren Durchmesser als die Welle ausgefüllt worden ist, unten und seitlich mit Leim verklebt und das Lagermetall oben hineingegossen.

3. Das Herausnehmen der unteren Lagerschalen aus der Grundplatte ist naturgemäß sehr einfach, wenn die Welle herausgenommen wird; wie nehmen wir aber dieselbe heraus, wenn das Abmontieren der Hauptwelle nicht erfolgen kann oder soll?

Da die untere Lagerschalenhälfte in der Grundplatte, wie die oberen in dem Lagerdeckel, so genau eingepaßt ist, daß sie nur durch starke Schläge, die aber zu vermeiden sind, herauszubringen wäre, so bedient man sich zu ihrer Herausnahme Hilfswerkzeuge. Im Allgemeinen sind hierfür die Erfahrungen und Methoden der Erzeugungswerkstätte maßgebend; für den Fall, daß diese nicht besonders bekanntgegeben sind, sei nachstehend eine vielfach übliche Methode für das Herausnehmen der Lagerschalen kurz beschrieben:

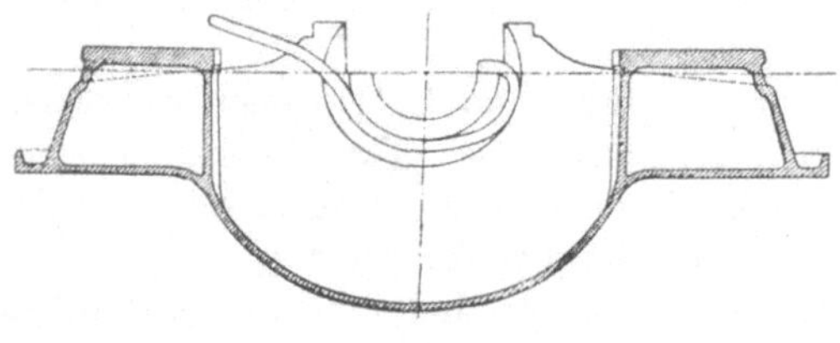

Fig. 1.

Um das Herausnehmen der Schalen durch die darauf lastende Welle nicht zu erschweren, wird die letztere mittels zweier entsprechend starker Holzkeile, die unter die beiden Enden der Welle getrieben werden, um einige Zehntel Millimeter gehoben und alsdann ein mit Haken versehener Hebel in das Schraubenloch der Lagerschale eingesetzt, worauf die Schale mittels eines aus Flacheisen hergestellten Schlüssels 10 × 50 (siehe Fig. 1) herausgedreht werden kann.

4. Welche Folgen stellen sich ein, wenn Schmieröl in das Fundament gelangt?

Das in das Fundament eindringende Öl macht den Beton mürbe und locker; geschieht dies an einer Stelle unter der Grundplatte, so wird ein Sinken derselben erfolgen und Hand in Hand damit sich ein Schiefstellen der Maschine einstellen, wodurch ein Warmlaufen der Lager eintreten kann. Auch ist Wellenbruch häufig die Folge dieser Erscheinung.

Das herabtropfende Öl soll sich in den einzelnen Mulden der Grundplatte sammeln und durch eine gemeinschaftliche Rohrleitung abgeführt werden. Es kommt jedoch vor, dass das Öl infolge eines sich erst nach längerer Betriebszeit zeigenden Gußfehlers oder aber zufolge irgend einer anderen Undichtigkeit durchsickert, welcher Umstand dann, abgesehen von dem Ölverlust, das vorerwähnte Lockerwerden des Fundamentes herbeiführt.

Wurde festgestellt, daß die Grundplatte schief liegt, so ist gelegentlich der gründlichen Instandsetzung, welcher die Maschine von Zeit zu Zeit unterzogen werden muß, das völlige Losreißen, Einstellen mittels Wasserwage und Neuuntergießen der Grundplatte unerläßlich.

5. **Welche Nachteile erwachsen der Maschine aus einem schlecht aufgerichteten Fundament?**

Das Fundament muß bis auf tragfähigen Erdboden reichen. Ist der Boden sandig, locker, feucht oder morastig, so muß die Fundamentierung mit ganz besonderer Sorgfalt erfolgen, gegebenenfalls sind vorher Holzpfähle tief in den Boden einzurammen, denn sonst steht zu befürchten, daß sich das Fundament mit der Grundplatte oder das Außenlager senkt, was eine schiefe Lage der Maschine zur Folge hat. Die eintretenden Schäden sind die schon unter 4 beschriebenen.

In der Praxis war der Fall zu verzeichnen, daß eine auf sandigem Boden aufgestellte Maschine infolge Nachgiebigkeit des Bodens binnen eines Jahres zweimal Wellenbruch erlitten hat.

Ist der Umfang, d. h. das Gewicht des Fundamentes zu gering, so kann es gelegentlich vom Motor selbst so stark in Vibration versetzt werden, daß sich diese Schwingungen bis in die benachbarten Häuser fühlbar fortpflanzen. — In derartigen Fällen bietet nur die Vergrößerung der Fundamentmasse Abhilfe.

6. **Welche Beschaffenheit soll gutes Lagerschmieröl aufweisen?**

Nachstehend sind die Durchschnittswerte eines guten Öles angegeben:
Spezifisches Gewicht bei 15^0 C.: 0,91.
Viskosität bei 50^0 C.: 6 Grade Engler.
Flammpunkt: 210^0 C.
Zündpunkt: 245^0 C.

II. Der Ständer.

7. **Welches sind die Gründe des Zerspringens der Ständer? Wie kann man demselben vorbeugen?**

Von unrichtiger Konstruktion abgesehen, kann der Ständersprung eintreten:

a. Infolge zu starken Anziehens der Zylinderdeckelschrauben, in welchem Falle der Sprung von der Schraubenbohrung ausgeht.

b. Infolge Wassersteinbildung, wobei sich der Ständer abnormal erwärmt und eine grosse Materialbeanspruchung des betreffenden Teiles durch die örtliche Erwärmung auftritt. Das Kühlwasser fließt kalt ab (siehe

Punkt 8), die Kesselsteinablagerung verhindert eine Kühlung des betreffenden Teiles.

c. Infolge **Einfrierens** des im Kühlraum verbliebenen Wassers bei Frost, welches von einer solchen Ausdehnung begleitet ist, daß der Ständer springen muß.

Zu a ist **zu** bemerken, daß das gewaltsame Anziehen (mit einem Hammer oder durch Rohrverlängerung) nicht statthaft ist; die Mutter ist in kaltem Zustande kräftig anzuziehen, dann während des Betriebes, d. h. wenn der Motor genügend erwärmt ist, nur mit dem Schraubenschlüssel nachzuziehen.

Zu b (siehe **unter** 8).

Zu c wird darauf aufmerksam gemacht, daß, falls Frostgefahr besteht, das Kühlwasser aus dem Kühlraum des Ständers (und auch der übrigen Maschinenteile) abzulassen ist. Zu diesem Zwecke sind die Ständer einzeln mit Ablaßhähnen versehen.

8. Was ist die Ursache der Wassersteinbildung? Welche schädliche Einflüsse hat der Wasserstein auf die Funktion der Maschine? Wie ist der Wasserstein zu entfernen?

Der Wasserstein entsteht durch die im Wasser im aufgelösten Zustande vorhandenen Salze, die sich bei Dampfbläschenbildung an der heißen Zylinderwand abscheiden und zugleich dort festsetzen. Da der Wasserstein ein schlechter Wärmeleiter ist, so isoliert er die innere Wand, sodaß das Kühlwasser seiner Aufgabe: den Einsatz-Zylinder abzukühlen, um das Material der Maschine vor übermäßiger Wärmebeanspruchung zu schützen, nicht entsprechen kann. Die innere Temperatur des Motors steigt stark an, doch bleibt das Kühlwasser dabei kalt. Dieser Umstand bildet gleichzeitig ein Kennzeichen für das Vorhandensein von Wasserstein.

Einzelne, wegen der Wassersteinschicht nicht gut gekühlten Teile werden abnormal heiß, infolge der übermäßigen Ausdehnung entstehen schädliche Beanspruchungen, was die Aufrechterhaltung einer ständigen Normalbelastung unmöglich macht und mit der Zeit zum Springen eines Maschinenteiles führen kann. — Wegen der hohen Temperatur der Wände kommt die Schmierung nicht genügend zur Geltung, da das Öl zum Teil verbrennt und teilweise an den Zylinderwandungen festbrennt, wodurch nicht selten eine Kolben-Anfressung oder ein Warmlaufen des Kolbenzapfens hervorgerufen wird.

Die Wassersteinbildung kann dadurch hintangehalten werden, daß aus dem salzhaltigen, sogenannten harten Wasser ein Teil der Salze (der ganze Salzgehalt kann nur durch Destillation entzogen werden) mittels Chemikalien ausgeschieden wird oder daß man das Wasser in großen Reservoiren klären läßt, d. h. also, daß man das harte Kühlwasser zu weichem Wasser macht.

Diese vorbeugende Maßnahme hat sich am besten bewährt. Es ist auch vielfach gebräuchlich, den Wasserstein von der Wand abzulösen. Ein solches Verfahren ist z. B. das folgende:

Der Kühlraum wird entleert und mit einer verdünnten Lösung von Salzsäure oder Essigsäure in der Weise gefüllt, daß auf je 20 l Wasser $^1/_2$ l Säure beigemengt wird. Da der Lösungsprozeß mit starker Gasentwicklung verknüpft ist, muß für die Gasausströmung ein Weg ins Freie gesichert sein. Nach dem Lösen des Wassersteins müssen die Kühlräume gründlich ausgespült werden, damit das Eisen von der Säure nicht angegriffen wird; aus dem gleichen Grunde sind auch die Metallteile vor Beginn des Prozesses zu entfernen. Das Aufhören der Gasausströmung zeigt entweder an, daß die Säure verbraucht ist, in welchem Falle eine weitere Menge Säure in das Wasser einzugießen ist, oder aber, daß der Wasserstein vollkommen aufgelöst ist.

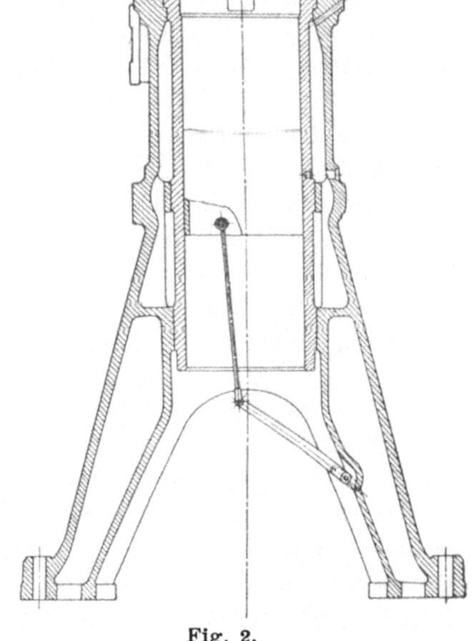

Fig. 2.

Trotzdem ist es empfehlenswert, die Zylinderbüchsen von Zeit zu Zeit herauszunehmen, bei welcher Gelegenheit nicht nur der Wasserstein, sondern auch der sicherlich vorhandene sonstige Rückstand gründlich und völlig entfernt werden kann (Fig. 2).

9. Wann muß die Zylinderbüchse aus dem Ständer unbedingt herausgenommen werden?

Die Zylinderbüchse ist in folgenden Fällen herauszuziehen:

a. Zwecks gründlicher Entfernung des Wassersteines und sonstiger Ablagerungen.

b. Zum Ausbohren der Büchse, wenn ein Ausbohren an Ort und Stelle nicht möglich und der Ständertransport erschwert ist. Es wird nämlich die Zylinderbüchse nach mehrjähriger Betriebszeit durch Verschleiß oval, und zwar ist der Verschleiß in der Mitte des Zylinders in der Schwingungsebene der Pleuelstange am größten. Dadurch geht ein Teil der eingesaugten Luft während der Verdichtung verloren, der Enddruck der Verdichtung verringert sich und infolge der geringeren Luftmenge ist einerseits das Anlassen erschwert und wird andererseits auch die Leistung des Motors vermindert. Bei höherer Belastung wird deshalb Luftmangel eintreten, die Verbrennung verschlechtert — grau gefärbter Rauch — und übermäßig viel Brennstoff verbraucht werden. Außerdem entweichen auch während der Verbrennung Gase zwischen den Laufflächen des Kolbens und Zylinders, die das Schmieröl zum Teil mit fortblasen.

Damit der herausgenommene Einsatzzylinder beim Einbau genau an seine ursprüngliche Stelle gelangt, wird vor dem Ausbau mittels einer Reisnadel auf dem Einsatzzylinder und dem Ständer ein Riß gezeichnet; beim Einbau ist dann darauf zu achten, daß sich die beiden Risse genau treffen, was einige Übung erfordert.

10. Bis zu welcher Grenze kann man sich mit Kolbenringen größeren Durchmessers helfen? Wann muß der alte Einsatzzylinder unbedingt durch einen neuen ersetzt werden?

Die Frage, ob es möglich sein wird, noch mit neuen Ringen allein den erforderlichen Kompressions-Enddruck zu erzielen oder ob schon das Ausbohren bezw. der Austausch des Einsatzzylinders nötig wird, ist leicht zu beantworten. Wenn man nämlich den Kolben aus der Maschine herausgenommen hat, legt man einen Kolbenring unten in den Zylindereinsatz ein. Weist der Ringspalt beim Aufwärtsschieben des Ringes einen breiten Unterschied vom 5—6 mm auf, so ist die Ausbohrung bzw. der Austausch der Büchse unvermeidlich.

Ein unbedingter Austausch des Einsatzzylinders wird dann erforderlich, wenn der Zylinder schon einmal ausgebohrt ist. Durch diese erste Ausbohrung wurde der Durchmesser schon um 4—5 mm größer, wodurch die Beanspruchung sämtlicher kraftübertragenden Maschinenteile entsprechend zugenommen hat. Statt den Einsatzzylinder zum zweiten Mal auszubohren, ist eher die Neuanfertigung eines solchen zu empfehlen, um so mehr, als im Zusammenhang mit der Zylinderausbohrung stets neue Kolben anzufertigen sind. Besonders bei mehrzylindrigen Maschinen sollte man stets statt des Ausbohrens den Austausch der Einsatzzylinder vornehmen, weil sonst — da in derselben Maschine Kolben verschiedener Durchmesser eingebaut wären — die Verwendung von Kolbenringen gleicher Größe für sämtliche Kolben unmöglich wäre, und bei Kolbenringen verschiedener Größe eine Verwechslung derselben leicht zu Betriebsstörungen führt.

11. Welche sind die Bedingungen für die gute Schmierung des Zylinders? Wie viel Öl soll zur Schmierung verbraucht werden? Welche Folgen entstehen durch die Verwendung von unrichtigem Öl?

Die Analyse brauchbarer Zylinderöle soll etwa folgende Durchschnittswerte aufweisen:

Spezifisches Gewicht bei 15° C.: 0,9.

Viskosität bei 50° C.: 9,8—10 Grade Engler.

Flammpunkt: 230° C.

Zündpunkt: 265° C.

Bei Verwendung von Tropfölern sind nach praktischen Erfahrungen folgende Ölmengen zu verbrauchen:

bis zu ca. 30   PS pro PS und Minute 6—8 Tropfen,
„ „ „ 40—70 „   „ „ „ „ „   4—6   „
über 80   „ „ „ „ „   3—4   „   .

Diese Ölmengen werden — normale Verhältnisse vorausgesetzt — durch die Tropföler den Ölpumpen zugeführt.

Bei Molerup-Pressen soll ein jeder Hub das Rad um zwei Zähne weiterdrehen.

Ist die Schmierung eine genügende, so wird der Kolben bei Vollbelastung, ja sogar bei vorübergehender Überlastung des Motors beständig ölig bleiben, wenn man sich durch Berührung des in Bewegung befindlichen Kolbens mit der Hand überzeugen kann.

Bei Verwendung von nicht entsprechendem oder zu wenigem Öl kann die Normalbelastung nicht aufrechterhalten werden, weil der Kolben durch die vergrößerte Reibung völlig abgebremst wird; dies zeigt sich in dem großen Brennstoff-Verbrauch und am Rauchen des Motors.

Bei zu reichlicher Schmierung hingegen brennt der Ölüberschuß als Kruste an der Zylinderwand, bezw. an den Kolbenringen fest; dadurch verlieren die Ringe ihre freie elastische Bewegung. Außerdem erleiden die auf der verkokten Oberfläche hin- und hergleitenden Teile eine starke Abnützung. Die verkokten Teile sind mit Petroleum abzuwaschen und die Kokschicht — nötigenfalls — mittels entsprechender Werkzeuge vorsichtig abzukratzen.

III. Der Kolben.

12. Welche Ursachen können den Kolben zerspringen lassen? Wie stellt man den Sprung fest?

Der Kolben, welcher die durch die Expansionskraft der Gase verrichtete Arbeit vermittels der dazwischengeschalteten Pleuelstange auf die Welle überträgt, ist hohen Beanspruchungen ausgesetzt; er steht nicht nur unter dem Einfluß eines zwischen 40 bis 1 Atm. veränderlichen Druckes, sondern — wie neuerliche Versuche ergeben haben — unter der Einwirkung einer zwischen 2000° C. bis 300° C. wechselnden Temperatur.

Zu diesen durch äußere Kräfte und durch die Wärme erzeugten Beanspruchungen kommen latente innere Spannungen, die bei der Abkühlung des Gußeisens auftreten; alle diese zusammen führen ein mehr oder minder rasches Ermüden des Materials herbei und rufen mit der Zeit ein Zerspringen des größtbeanspruchten Teiles: des Kolbenbodens hervor. Dieser Vorgang kann noch durch Verbrennung des Kolbenbodens bei Verwendung nicht genügend feuerbeständigen Gußeisens gefördert werden.

Größere Beanspruchungen des Kolbens treten beim Anlassen auf, weil der Anlaßdruck größer ist, als der höchste Betriebsdruck und die ersten Zündungen wegen der noch langsamen Kolbenbewegung eine hohe Drucksteigerung hervorrufen. Besonders große Wärmebeanspruchungen treten beim Anlassen nach kurzem Betriebsstillstand auf, weil die Anlaßluft bei ihrer Ausdehnung im Zylinder eine erhebliche plötzliche Abkühlung der noch heißen Teile verursacht. Es ist deshalb empfehlenswert, die Maschine nach Abstellen völlig abkühlen zu lassen, was man dadurch erreichen kann, daß man nach dem Abstellen der Maschine das Kühlwasser noch ca. 10 Minuten weiter durch die Maschine durchfließen läßt.

Durch eine Verschlechterung der Kühlung, einerlei welcher Grund sie hervorruft, wird die Lebensdauer des Kolbens erheblich abgekürzt, da wegen Mangel an Wärmeabfuhr (die vom Kolben aufgenommene Wärme wird nur zum geringen Teil an die Luft, zum größten Teil aber an die wassergekühlte Zylinderwandung abgegeben) der Kolben sich abnormal erhitzt, wodurch solche Veränderungen im Gußeisenmaterial vor sich gehen, daß der Kolbenboden in sehr kurzer Zeit reißen muß.

Der Kolbenriß ist am besten beim Anlassen der Maschine wahrnehmbar, da beim kalten Kolben der Riß noch auseinanderklafft und die Luft hindurchbläst, während im Betriebe nach Erwärmung infolge der Dehnung der Sprung sich verkleinert bezw. ganz verschwindet und daher nicht so gut oder garnicht wahrzunehmen ist, wenn er sich eben nicht schon derart vergrößert hat, daß im Betriebe oft Rauch und Funken sichtbar werden.

Das Vorhandensein eines Risses (oder auch sonstige Undichtigkeiten) kann aber auch bei Stillstand der Maschine festgestellt werden. Zu diesem Zweck stellt man die Kurbel in die obere Totpunktlage, und zwar so, daß das Einblaseventil von seinem Nocken geöffnet würde, wenn nicht sein Einschalthebel (Exzenterhebel) auf Mittelstellung, d. i. außer Betrieb stünde. Dann öffnet man kurz das Absperrventil des Einblasegefäßes zur Maschine, sodaß sich die Einblaserohrleitung mit Luft füllt. Bringt man nun den Exzenterhebel in Betriebsstellnng, so öffnet sich das Einblaseventil und die Luft aus der Leitung strömt in den Zylinder. Falls der Kolben gesprungen ist, läßt sich dann ein Zischen der durch den Riß entweichenden Luft hören.

Mit Rücksicht auf vorkommendes Zerspringen des Kolbenbodens durch die erwähnten Beanspruchungen wird bei größerem Zylinder-Durchmesser (von 360 mm an aufwärts) der Kolben aus zwei Teilen hergestellt und zusammengeschraubt, um einen Austausch des Bodens rasch und billig bewerkstelligen zu können. Beim Anziehen der Befestigungsschrauben des zweiteiligen Kolbens ist sehr sorgfältig vorzugehen, damit sich einerseits die Mutter nicht bei zu schwachem Anzug lösen, andererseits nicht bei zu kräftigem Anzug abreißen kann. Eine gelöste Schraube klemmt sich leicht zwischen Kolben und Zylinder fest und frißt eine Nute ein. Es ist empfehlenswert, das Anziehen mittels des normalen Schraubenschlüssels und von Hand zu bewerkstelligen.

Es sind auch solche Kolben im Gebrauch, bei denen nur ein Einsatz (Brennplatte) im Kolbenboden befestigt ist; infolge der Wärmedehnungen ist es aber schwer, diesen Kolbeneinsatz verläßlich im Kolbenkörper zu befestigen. Am besten hat sich noch das Einschrauben des ganzen Stückes mittels flachen Gewindes bewährt.

Ein Lockerwerden des Kolbeneinsatzes ist während des Betriebes durch ein starkes Klopfen (Metallschlag) feststellbar. In diesem Falle muß die Maschine sofort abgestellt werden. Um sich zu überzeugen, ob der Kolbeneinsatz tatsächlich locker geworden ist, genügt es, das Saug- oder Auspuffventil auszubauen. Ist festgestellt worden, daß der Kolbeneinsatz locker ist, so muß der Kolben ausgebaut und für eine entsprechende Befestigung gesorgt werden.

Falls man es unterlassen würde, den Einsatz sogleich gut zu befestigen, so würde das zur Befestigung des Einsatzes dienende Gewinde ausbrechen, bzw. die Schrauben würden abreißen und die gelösten Stücke könnten in der Maschine eine große Zerstörung verursachen.

Wird infolge großen Kolbendurchmessers oder einer hohen Umlaufzahl bzw. infolge Vorhandenseins beider Umstände so viel Wärme erzeugt, daß diese durch die Luft und die wassergekühlten Zylinderwandungen nicht abgeführt werden kann, so ist — um einen sicheren Betrieb führen zu können — unbedingt eine Kolbenkühlung erforderlich. Bei ortsfesten, langsam laufenden Maschinen kommt erst bei Kolbendurchmessern von über 500 mm eine Wasserkühlung für den Kolbenboden in Frage.

13. Zu welchem Zweck werden Kolbenbacken angewendet?

Bei Motoren mit Kolben von großem Durchmesser finden wohl auch aus Gußeisen angefertigte, nachstellbare Kolbenbacken Verwendung, um das Spiel zwischen Kolben und Zylinderwandung entsprechend dem Verschleiß nachstellen zu können.

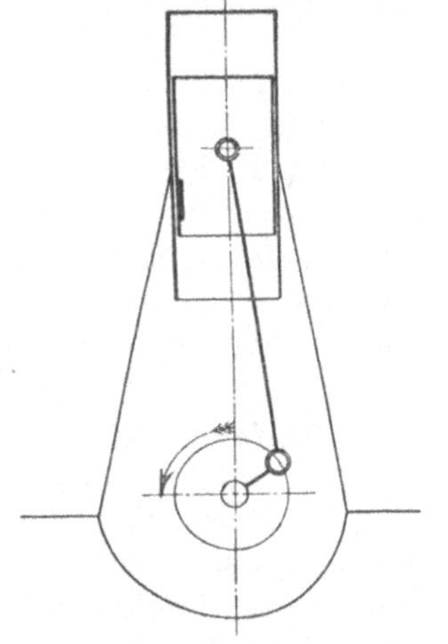

Fig. 3.

Die Backen befinden sich nur auf einer Kolbenseite (der Druckseite) in der Schwingungsebene der Schubstange, wie aus Fig. 3 ersichtlich. (Man beachte die Drehrichtung!) Wenn sich ein Nachpassen der Backen als notwendig erweist, so geschieht dies in folgender Weise: Man legt eine so starke Unterlage unter die Backen, daß der Kolben noch grade durch sein Eigengewicht in den Zylinder hineinrutschen kann. Hierauf wird der Kolben wieder ausgebaut und die Unterlage um za. 0,3 mm vermindert, um auf die Ausdehnung des Materials Rücksicht zu nehmen.

14. Aus welchen Gründen frißt der Kolben im Zylinder an? Wie kann man die angefressenen Teile der Oberflächen entfernen? Wo frißt der Kolben am häufigsten an? Wie ist

festzustellen, daß der Kolben anzufressen beginnt? Welche Maßnahmen sind sofort zu treffen?

Einige Ursachen des Anfressens haben wir bereits unter Punkt 8 erörtert; außerdem kann aber noch ein Grund das zur Verwendung kommende, nicht geeignete oder unreine Öl sein; weiter noch eine längere Zeit hindurch andauernde Überlastung des Motors. Bei der Überlastung entsteht infolge des übermäßig großen Brennstoffverbrauches eine hohe Temperatur, bei welcher das Schmieröl verbrennt bzw. verkokt, weshalb der Kolben alsdann trocken läuft; hierdurch wird die Reibung vergrößert, was noch mehr Wärme erzeugt, sodaß die Ausdehnung des Kolbens rasch zunimmt und er zum Anfressen kommt.

Die angefressenen Flächen sind außerordentlich hart und können nur mit Schmirgel- bzw. Karborundumstein abgeschliffen werden.

Die Anfressungsstellen liegen meistens in der Pleuelstangenebene; kommt eine solche in einer Querebene vor, so kann diese lediglich dadurch hervorgerufen worden sein, daß sich infolge der Erwärmung des Kolbenzapfens das Kolbenzapfenlager ausgedehnt hat.

Ein Klopfen des Pleuelstangenlagers (Doppelschlag) macht uns auf eine beginnende Anfressung aufmerksam Gleichzeitig beginnt sich die Umdrehungszahl zu vermindern, als Folge der starken Reibung des Kolbens, dann beginnt der Kolben selbst zu klopfen, womit eine bedeutende Erwärmung verbunden ist. In diesem Falle muß sofort die Brennstoffpumpe abgestellt werden, um die Maschine zum Stillstand zu bringen.

15. Welche sind die Gründe des Kolbenschlagens (Klopfens)? Wie ist dasselbe zu beseitigen?

Im allgemeinen tritt ein Schlagen (Klopfen) immer dann auf, wenn zwischen zwei aufeinander gleitenden Maschinenteilen aus irgend einem Grunde, z. B. infolge Verschleißens ein Spielraum entsteht.

Wenn also die Zylinderbüchse bzw. der Kolben mit der Zeit einen Verschleiß erleiden, so ist zwischen ihnen ein solcher Spielraum vorhanden. Geht nun die Kurbel durch eine Totpunktlage, so wechselt der Kolben seine Lage, d. h. er legt sich gegen die andere Seite der Zylinderwand an und dieser Lagewechsel ist bei vorhandenem Spiel mit einem Schlag verbunden. Am stärksten hörbar ist derselbe bei Lagewechsel unter hohem Druck, d. i. in der oberen Totpunktlage während der Zündung. Wie man bei Verschleiß der Büchse vorzugehen hat, haben wir schon unter Punkt 9 und 10 gesehen.

Ein starkes Klopfen tritt auch dann ein, wenn die Zylinderschmierung versagt, der Kolben also trocken läuft. Es treten dann die gleichen Erscheinungen auf, wie bei Überlastung der Maschine (siehe Punkt 14). Dasselbe ist der Fall, wenn das Kolbenzapfenlager kein Öl erhält; dann dehnt sich durch die Erwärmung das Lager seitlich aus; oder wenn zeitweilig kein Kühlwasser durch den Zylinderkühlraum fließt. In diesen drei letzteren Fällen geht das Klopfen der Anfressung voraus und entsteht durch ein Festgeklemmtwerden des Kolbens im Zylinder. Das hierbei hörbare Klopfen ist jedoch anfänglich nicht am Kolben selbst, sondern an der Pleuelstange wahrnehmbar.

In solchen Fällen ist die Maschine sofort abzustellen und der Fehler zu beseitigen, sonst frißt sich der Kolben fest.

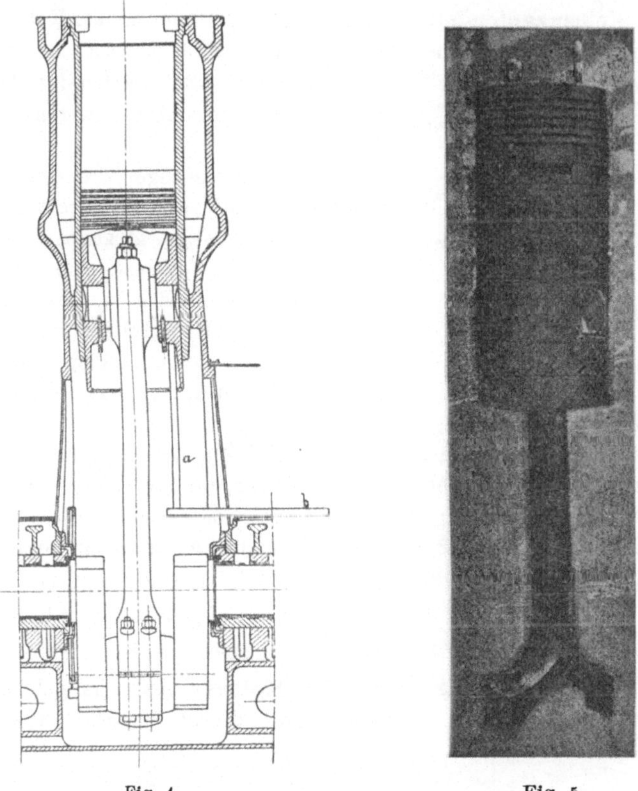

Fig. 4.   Fig. 5.

16. Wie kann man das Klopfen des Kolbenzapfens (Schlagen) feststellen?

Zur Feststellung des Klopfens des Kolbenzapfens bedarf es einer größeren Erfahrung, weil es leicht mit dem Schlagen des Kurbelzapfens verwechselt werden kann. Am leichtesten und schnellsten überzeugt man sich vom Schlagen der Zapfen bei Stillstand des Motors (siehe Fig. 4). Der Kolben wird in die Totpunktslage gestellt, eine Stange a zwischengeschaltet und mit dem Hebel b die Stange a bzw. der Kolben bewegt. Hierbei zeigt sich, bei welchem Zapfen das Spiel vorhanden ist.

Ist dagegen die Maschine im Betriebe, so gibt man dem Kurbelzapfen viel Öl; liegt der Schlag im Kurbelzapfen, so verschwindet nunmehr das Klopfen und es wird ein Klatschen hörbar. Ist aber auch weiterhin das Klopfen hörbar, so befindet sich das Spiel unbedingt am Kolbenzapfen.

17. Wie wird der Kolben in Wasserwage gestellt?

Die Kolben-Mittellinie muß zur Kolbenzapfen-Mittellinie genau senkrecht stehen, und die beiden Mittellinien müssen in einer Ebene liegen. Wenn die Kolbenzapfen-Mittellinie schräg steht oder mit der Kolben-Mittellinie nicht in einer Ebene liegt, so treten Klemmungen auf, die einen ungleichmässigen Verschleiß in dem Lagern und überflüssige Reibungswiderstände und Erwärmungen entstehen lassen.

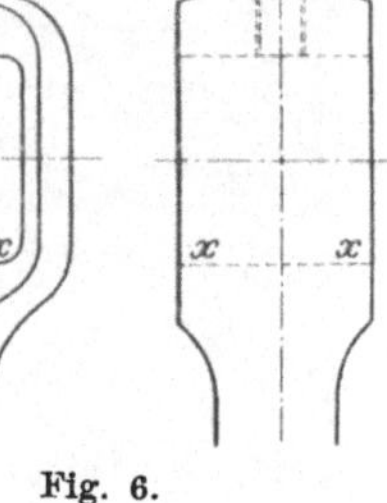
Fig. 6.

Die Pleuelstange wird ohne Kurbelzapfenlager auf einer wagrechten Platte mittels Wasserwage genau senkrecht eingestellt, Fig. 5 — wenn eine wagerechte Platte nicht vorhanden ist, kann man z. B. auch den Zylinderdeckel benützen — usw. so, daß man, solange die Pleuelstange nicht genau senkrecht steht, unter die aufliegende Fläche derselben Unterlagsbleche legt. Steht die Stange senkrecht, so stülpt man den Kolben darauf, steckt den Zapfen ein und prüft mittels Wasserwage, ob die Kolbenfläche auch senkrecht steht; wenn nicht, dann nimmt man von der in Fig. 6 mit $x\,x$ bezeichneten Fläche, also von jener Stelle, an welcher die Schale in der Pleuelstange unten aufliegt, so viel fort, bis die Wasserwage richtig zeigt.

18. Wo und wie ist das zur Anfertigung eines neuen Kolbens erforderliche Stichmaß aufzunehmen?

Bei der Anfertigung eines neuen Kolbens muß man sich nach der Zylinderbohrung richten. Die Abmessung dieser Bohrung kann mittels

Fig. 7.

Lochzirkels und Zollstockes nicht mit entsprechender Genauigkeit festgestellt werden. Es ist daher erforderlich, ein Stichmaß anzufertigen, das am zweckmäßigsten 100 mm von der unteren Kante des Einsatzzylinders entfernt abzunehmen ist. Hierzu verwendet man eine za. 8 mm starke Stahlstange, welche an beiden Enden konisch gefeilt wird, in der Weise, daß keine Spitze, sondern eine kleine Meßfläche entsteht. Die Länge des Stichmaßes muß so bestimmt werden, daß das Stichmaß nicht in die Bohrung hineingepreßt wird, sondern mit geringem seitlichen Spielraum, ungefähr 2—3 mm paßt. Fig. 7.

Die zur Anfertigung eines neuen Kolbens noch erforderlichen und anzugebenden Maße zeigt Fig. 8; diese Maße sind vom alten Kolben bzw. von dessen Zapfen aufzunehmen.

Der wirkliche Kolbendurchmesser muß natürlich etwas kleiner sein als das Stichmaß, und zwar aus dem Grunde, weil der Kolben unter Einfluss seiner höheren Temperatur sich mehr ausdehnt, als wie der Ein-

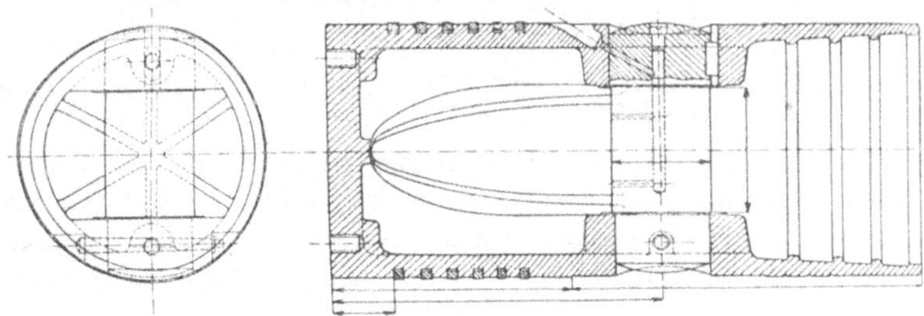

Fig. 8.

satzzylinder. Dieser Unterschied wird um so größer sein, je größeren Durchmesser der Kolben besitzt.

Gleichgültig, ob der neue oder der alte Kolben eingebaut wird, muß vorher der Einsatzzylinder von etwa vorhandenem Ruß und Koks gereinigt werden; außerdem sind Kolben und Ringe gut zu ölen. Um beim Einbau die Ringe nicht zu beschädigen, ist im Zylinderoberteil eine Ringführung angeordnet, welche den Ring stufenweise so zusammendrückt, daß er leicht in den Zylinder rutschen kann.

IV. Die Kolbenringe.

19. Wie werden die Kolbenringe ein- und ausmontiert?

Bei der Einmontierung der Kolbenringe ist darauf zu achten, daß die Ringe nicht beschädigt und daher wieder verwendet werden können.

Sind die Ringe in den Nuten leicht beweglich, so ist der oberste Ring ohne weiteres herauszunehmen. Der nächstfolgende Ring wird nun so abmontiert, daß man unter ihn, am Umfange gleichmäßig verteilt, mindestens vier Blechstreifen als Führungen schiebt, damit der Ring nicht in die obere Nut hineinspringen kann. (Fig. 9.)

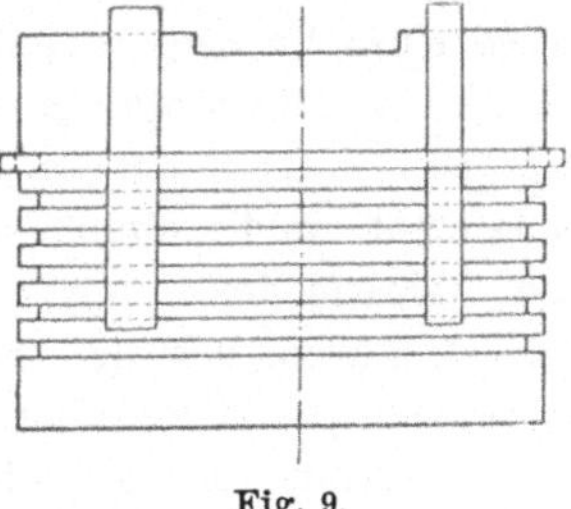

Fig. 9.

Falls die Ringe — dies geschieht insbesondere mit den zwei obersten — festgebrannt sind, d. h. daß sich die Kruste des verkokten Schmieröles auf ihnen festgesetzt hat, so muß der Koks erst mittelst Petroleum abgewaschen werden. Gelingt es aber auf diese Weise nicht, die Ringe herauszunehmen und werden sie auch trotz vorsichtigen Hämmerns mit dem Holzhammer nicht locker, so müssen sie herausgestemmt werden.

Beim Einmontieren der Kolbenringe ist es empfehlenswert, die früher erwähnten Blechstreifen wieder zu verwenden.

Die Schlösser der Ringe sind so anzuordnen, dass sie nicht übereinander, sondern je um ein Sechstel des Kolbenumfanges versetzt zu liegen kommen, damit Luft und Verbrennungsgase sich nicht zwischen Kolben und Einsatz-Zylinder entweichen können.

20. Aus welchen Gründen federn die Ringe nicht genügend?

Wenn der Ring infolge Überlastung oder mangelhafter Kühlung der Maschine bis zur Rotglut erhitzt war, so verliert er seine Elastizität und dadurch auch die Fähigkeit, sich an den Einsatz-Zylinder anzulegen.

Auch nach langem Gebrauch, wenn das Material müde geworden ist, verlieren die Ringe ihre Elastizität.

Die Verkokung des Öles klebt die Ringe sozusagen an den Kolben fest, und wenn auch die Ringe die nötige Elastizität besitzen, so kann diese nicht zur Wirkung kommen; diese verkokten Ringe schmirgeln den Einsatz-Zylinder wie eine Schleifscheibe ab.

21. Woraus ist es zu entnehmen, daß die Kolbenringe nicht entsprechend funktionieren, also durch neue zu ersetzen sind?

Die mangelhafte Wirkung der Kolbenringe ist beim Anlassen der Maschine wahrnehmbar, und zwar dadurch, daß Luft durchströmt und ein Zischen hörbar ist, und ferner, daß während des Ganges der Maschine Verbrennungsgase und eingesaugte Luft unter Druck zwischen dem Kolben und Einsatz-Zylinder entweicht.

Es muß hier darauf aufmerksam gemacht werden, daß das Durchblasen beim Anlassen sowohl als auch während des Ganges der Maschine aber auch eine andere Ursache haben kann, nämlich die, daß der Kolbenboden einen Sprung erhalten hat. Um nun festzustellen, aus welchem Grunde das Durchblasen erfolgt, ob wegen nicht dichtender Kolbenringe oder aber wegen des Kolbenbodensprunges (bzw. infolge Lockerwerdens eines event. vorhandenen Kolbenbodeneinsatzes), muß man beim Anlassen, bzw. während des Ganges der Maschine in den Kurbelraum hineinhorchen. Ist das Blasen bei der Pleuelstange wahrzunehmen, so ist der Kolbenboden undicht, ist es aber beim Einsatz-Zylinder wahrnehmbar, so dichten die Kolbenringe mangelhaft.

22. Aus welchem Grunde können sich die Kolbenringe einreiben?

Infolge der Wärme dehnen sich die Ringe während des Betriebes aus, wurde aber dieser Umstand nicht genügend dadurch berücksichtigt, daß der Spalt im Ringschloß groß genug gemacht wurde (zumindestens

2 mm), so werden sich die beiden Enden berühren und der Ring sich bei weiterer Ausdehnung in den Einsatz-Zylinder hineinpressen.

23. Wie ist es festzustellen, ob die Kolbenringe gut dichten? Von Zeit zu Zeit ist der Kolben zum Reinigen herauszunehmen.

Dabei, und insbesondere wenn das letzte Mal Ringe ausgetauscht wurden, sind die Dichtungsoberflächen der Ringe genau zu prüfen, ob sie ringsum, sozusagen luftdicht, gut anliegen. Wenn die ganze Oberfläche der Ringe blank ist, so ist daraus zu schließen, daß die Ringe der ganzen Oberfläche entlang dichten. Ist die Oberfläche dagegen nicht überall blank, so dichtet der Ring nicht an allen Stellen; ein solcher Ring muß dann eingepaßt oder ausgetauscht werden.

Zur Anfertigung neuer Kolbenringe ist ein genaues Stichmaß herzustellen.

24. Wo und wie ist dieses Stichmaß aufzunehmen? Das Stichmaß ist am zweckmäßigsten von der Mitte des Einsatz-Zylinders aufzunehmen, da an dieser Stelle der Verschleiß der größte ist.

Nach diesem Stichmaß werden die Ringe angefertigt. Das Einpassen des Ringspaltes muß jedoch an jener Stelle des Zylinders vorgenommen werden, an der der Durchmesser am kleinsten ist. Betr. Aufnahme des Stichmaßes siehe unter Punkt 18.

25. Weshalb schlagen sich die Kolbenringnuten aus? Sind die Kolbenringe nicht sorgfältig in die entsprechenden Nuten eingepaßt, so schlägt der Ring während der Bewegung des Kolbens zwischen den Nutenflächen, sich zugleich leicht in den Nuten bewegend. Diese kleinen Stöße, die in rascher Folge auftreten, rufen teils durch Verschleiß, teils durch Stauchung des Materials eine Vergrößerung der Nute hervor. Diese Nutenvergrößerung wird noch gefördert, wenn die Ringe aus härterem Material sind, als der Kolbenkörper.

Es empfiehlt sich, die Ringe rechtzeitig gegen breitere auszutauschen, wobei die Ringnuten im Kolben entsprechend reguliert werden müssen.

V. Der Zylinderdeckel.

26. Welches sind die Gründe des Zerspringens der Zylinderdeckel? Wo tritt dieser Sprung zumeist auf? Die hauptsächlichsten Gründe des Springens der Deckel sind die folgenden:

a. Aus konstruktiven Gründen kann die Materialverteilung des Deckels nicht derart erfolgen, daß die infolge der verschiedenen Temperaturen hervorgerufenen Materialspannungen beseitigt werden. Außerdem muß der Zylinderdeckel an mehreren Stellen zur Aufnahme der Ventile mit Löchern versehen sein, durch welche seine Festigkeit verringert wird. Weil nun wegen der kastenartigen Konstruktion des Deckels die Dehnung des unteren Bodens verhindert ist, so befindet sich, wenn ein Sprung auftritt, derselbe eben am Boden, und zwar an der gefährdetsten Stelle, d. i. diejenige, an welcher auch die Materialspannungen durch die Temperaturunterschiede der benachbarten Wandungen am größten sind, nämlich zwischen dem Auspuff- und Brennstoffventil.

b. Die Gefahr des Springens wird durch eine unrichtige Deckelkühlung noch vermehrt; im Kühlraum bilden sich alsdann Luftsäcke oder tote Räume, welche sich mit Dampf füllen. An diesen Stellen treten örtliche Erwärmungen auf, die Spannungen im Material herbeiführen, was sehr oft zum Springen des Deckels führt.

In solchen Fällen ist der Sprung so lange nicht schädlich, als er noch nicht durch die ganze Materialstärke durchgeht. Hat er sich aber erst so erweitert, daß das Wasser durchsickert, daß es also in den Verbrennungsraum gelangt, so soll der Deckel gegen einen neuen ausgetauscht werden. Um den Sprung zu prüfen bzw. um sich von seinem Fortschreiten zu überzeugen, ist es nicht erforderlich, den Deckel abzumontieren. Wenn man die Ventile ausgebaut hat, so schiebt man einen Spiegel in den Zylinder und kann alsdann, wenn man an der betreffenden Stelle den Boden mit Petroleum gereinigt hat, den Sprung bei Licht gut sehen. Geht der Sprung bis in den Wasserraum durch, so zeigt sich auch im Betriebe, selbst bei Vollast ein weißer Rauch.

c. Eine außerordentliche Erwärmung des Deckels, als deren Folge er zerspringen kann, kann auch durch Kesselsteinablagerung herbeigeführt werden.

Der Kesselstein setzt sich hauptsächlich dann an, wenn beim Abstellen der Maschine auch sofort die Kühlerwasserzufuhr unterbrochen wird, da dann an den heißen Wandungen Dampfbildung auftritt. Es ist daher empfehlenswert, das Kühlwasser noch ca. 10 Minuten nach dem Abstellen der Maschine durchfließen zu lassen.

d. Der Deckel kann auch durch Gefrieren des im Kühlraum verbliebenen Wassers hervorgerufen werden. Es muß deshalb bei Frostgefahr das Wasser aus dem Kühlraum abgelassen werden.

27. **Wie kann man den Wasserstein aus dem Zylinderdeckel entfernen?**

Hierfür gelten dieselben Regeln, die schon gelegentlich des Zylindereinsatzes aufgestellt wurden. Beim Zylinderdeckel liegt der Fall insofern günstiger, als nach Öffnung einiger Reinigungslöcher oder — wie aus der konstruktiven Lösung (Fig. 10) ersichtlich — nach Abnahme des oberen Ringes der Kühlraum fast vollkommen vom Wasserstein befreit werden kann.

Zur Abdichtung des oben auf dem Zylinderdeckel angebrachten Ringes wird geöltes Zeichenpapier verwendet.

28. **Welche Gesichtspunkte sind bei der Wahl der Deckelabdichtung maßgebend?**

Bei der Wahl des anzuwendenden Dichtungsmateriales ist zu berücksichtigen, daß an der zu dichtenden Stelle eine hohe Temperatur herrscht.

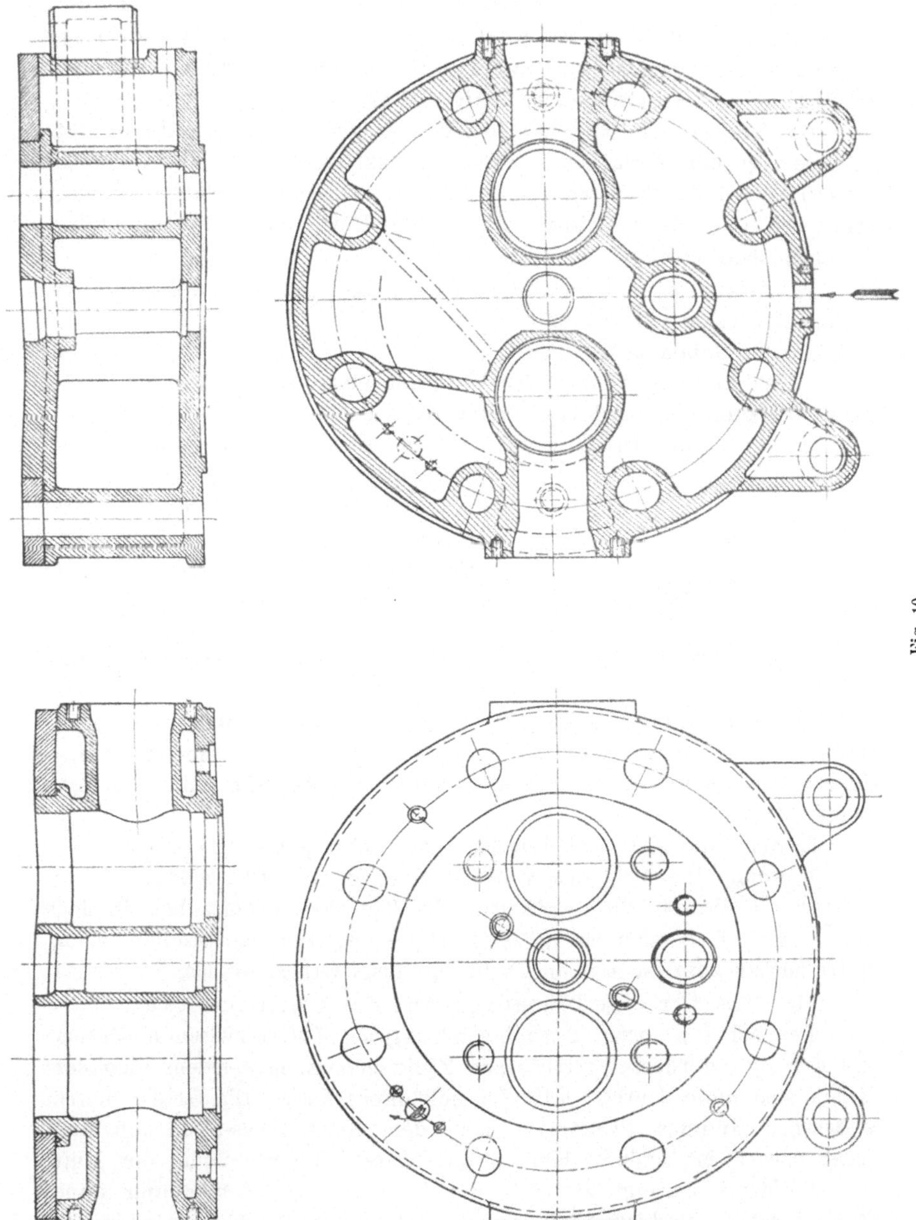

Fig. 10.

Es darf daher kein Dichtungsmaterial verwendet werden, das durch die Hitze gestört oder brüchig wird, wie etwa Papier, Klingerit, Hanfschnur usw. Gut bewährt hat sich eine 2 mm Kupferdrahtwicklung mit so viel Gängen, daß die Dichtungsnut ausgefüllt wird. Es ist zweckmässig, diese Kupferdrahtwicklung stellenweise mit Zinn zusammenzulöten, wodurch die Packung im Ganzen zusammenhält. (Fig. 11.)

Das Kupfer muß bei hoher Temperatur gut ausgeglüht sein; es füllt unter dem großen Druck die Nut bzw. die sämtlichen Poren des Materials aus und läßt dadurch die Verbrennungsprodukte nicht entweichen. Weiter haben sich auch Kupferasbestringe (Lechler-Ringe) und gut ausgeglühte Kupferscheiben bewährt.

29. Wann blasen Gase aus dem Zylinder durch die Zylinderdeckel-Dichtung hindurch?

Die Ursachen können sein:

1. Wenn beim Anlassen der Maschine infolge zu großer Brennstoffmenge (Vorpumpen) ein hoher Zünddruck entsteht;

2. wenn der Druck der Anlaßluft zu hoch ist (über 60), was unbedingt zu vermeiden ist;

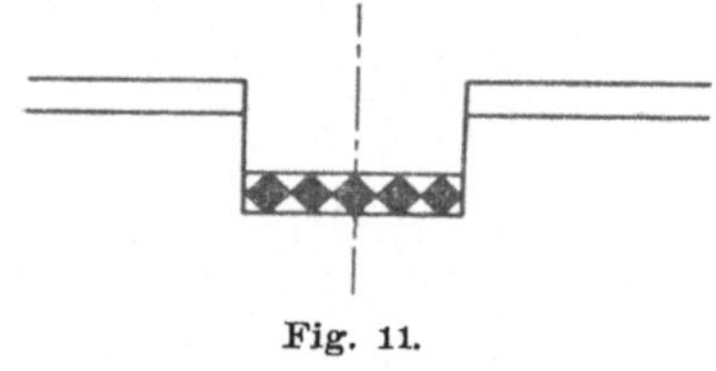

Fig. 11.

3. wenn das Anlassen der Maschine unter Belastung erfolgt. In den vorstehenden 3 Fällen ist zu hoher Druck die Ursache;

4. wenn die Maschine während des Betriebes dauernd überlastet wird, oder

5. die Kühlung des Deckels mangelhaft ist, z. B. durch Wassersteinansatz. In diesen Fällen dehnen sich durch zu hohe Temperatur die Schrauben zu sehr aus, so daß die Dichtung nicht mehr genügend fest aufgepreßt ist;

6. wenn die Zylinderdeckelschrauben locker werden und

7. wenn eine nicht entsprechende Packung verwendet wurde.

In all diesen Fällen zieht man die Zylinderdeckelschrauben in der unter Punkt 7 beschriebenen Weise an; sollte dann das Zischen noch immer hörbar sein, so muß die Dichtung ausgewechselt werden.

30. Was für eine Bedeutung hat der schädliche Raum?

Der bei der oberen Totpunktsstellung des Kolbens zwischen diesem und dem Zylinderdeckel verbleibende Zylinderraum, in welchem also der Kolben sich nicht bewegt, heißt der schädliche Raum. Die Größe dieses schädlichen Raumes richtet sich nach dem Kompressions-Enddruck und dieser wieder ist dadurch bedingt, daß durch die Kompression der Luft so viel Wärme erzeugt wird, als der Brennstoff zur Entzündung ohne Zündapparat — und zwar beim Anlassen der kalten Maschine — benötigt.

Diese Entzündungstemperatur ist nun für verschiedene Brennstoffe sehr verschieden; je dünnflüssiger die Petroleumdestillate sind, um so niedriger, je dickflüssiger, um so höher muß diese Temperatur sein, noch höher bei Teeren und Teerölen, bei denen man überhaupt bei kalter Maschine nicht mit dem Betriebsbrennstoff, sondern mit einem Zündbrennstoff, einem Petroleumdestillat, anläßt. Je nach der Zündtemperatur muß also der Kompressionsdruck und damit auch die Größe des schädlichen Raumes verschieden sein.

Aber mit gleichen Kompressionsdrücken wird auch nicht bei allen Maschinen die gleiche Zündwärme erzeugt; es hängt das wiederum von der Art der Maschine ab; ob sie einen im Verhältnis zum Kolbendurchmesser langen oder kurzen Kolbenhub hat, je nachdem ist die abkühlende Oberfläche des Kompressionsraumes verschieden groß, am kleinsten ist sie bei der langhübigsten, am größten bei der kurzhübigsten, noch größer bei liegenden Maschinen mit normaler Gasmaschinenform, d. h. mit hängenden Ventilen. Dementsprechend wird bei der langhübigsten Maschine mit einem geringeren Kompressionsdruck die gleiche Zündwärme erreicht, als bei der kurzhübigen mit höherem Druck bzw. bei der liegenden Gasmaschinenform; der schädliche Raum wird also bei ersteren größer sein als bei letzteren. Für normale Maschinen genügt ein Kompressionsdruck von 28—32 Atm., die kleinere Zahl für größere, die größere für kleinere Maschinen.

Als Durchschnittswert kann angenommen werden, daß der schädliche Raum ungefähr 7 % des vom Kolben auf seinem Wege umschriebenen Hubraumes beträgt.

Beträgt z. B. der Kolbendurchmesser = 360 cm, d. i. 1017 ccm Kolbenfläche, der Kolbenhub = 51,0 cm, dann ist der Hubraum des Kolbens: $1017 \times 51 = 51867$ cm³; der schädliche Raum wird also bei obiger Annahme einen Inhalt von: $0{,}07 \times 51867 = 3630$ cm³ haben müssen.

In der Praxis mißt man nun im allgemeinen den schädlichen Raum nicht aus, denn wenn es auch nicht gerade eine schwierige Arbeit ist, so ist sie doch ziemlich umständlich und es ist dazu ein Meßglas mit Gradteilung nötig, was meist nicht zur Hand ist. (Sonst muß man das Schmieröl, mit dem am zweckmäßigsten solche Messungen ausgeführt werden, abwiegen und das spez. Gewicht bestimmen, um den Rauminhalt zu erhalten.) Statt dessen merkt man sich den Abstand zwischen dem Zylinderdeckel und dem Kolbenrand, der im Gegensatz zur vertieften, also gewölbten, Kohlenmitte grade ist. Wäre der schädliche Raum ein allseitig glatter Zylinder, es würden also, nicht wie in Wirklichkeit, die Ventilteller vorstehen, seitliche Aussparungen — Taschen — für diese vorhanden und der Kolbenboden vertieft sein, so könnte man diesen Abstand leicht rechnerisch feststellen, indem man einfach den schädlichen Rauminhalt durch die Kolbenfläche dividieren würde, was ergeben würde: $3630 : 1017 = 3{,}6$ cm. Aber wegen der soeben angeführten Abweichungen vom Zylinder stimmt dieses Maß in der Praxis nicht und man bestimmt es am einfachsten und genauesten so, daß man bei herausgenommenem Einlaß- (oder Auslaß-) Ventil ein weiches Bleistück von ungefähr der berechneten Länge und einer

Fläche von ca. 1—2 cm zwischen dem Kolbenrand und dem Zylinderdeckel-
boden einklemmt und alsdann die Maschine mittels der Drehvorrichtung
über den oberen Totpunkt hinwegdreht; dann drückt sich das Bleistück
auf das genaue Abstandsmaß zusammen. Dieses Maß ist aufzubewahren
und von Zeit zu Zeit — gelegentlich einer großen Maschinenüberholung —
ist der Abstand nachzuprüfen, da sich infolge des Lagerverschleißes eine
Änderung ergeben kann. Eine Vergrößerung des Abstandes ist durch
Unterlagen einer entsprechenden dicken Beilage unter den Pleuelstangenkopf auszugleichen, oder sollte sich nach Neuausgießen des Schubstangen-
oder Kolbenzapfenlagers der Abstand verkürzt haben, so ist eine entsprechende Beilage zu entfernen; letzteres hat eine Erhöhung, ersteres
eine Erniedrigung der Kompression zur Folge.

Eine Verminderung der Kompression kann noch durch einen zweiten
Umstand hervorgerufen sein, nämlich durch das Undichtwerden irgend
eines dichtenden Teiles, sei es die Ventilkopfpackung, die Kolbenringe
oder ein Ventil. Dadurch kann sogar das leichte Ingangsetzen der
Maschine infragegestellt sein. In solchem Falle soll aber nicht durch
Zwischenlage eines Bleches die Kompression erhöht, sondern es soll die
Undichtigkeit möglichst sofort gesucht und beseitigt werden. Undichtigkeiten lassen sich gewöhnlich leicht ermitteln, wenn man bei Stellung der
Kurbel im genauen oberen — Kompressions- — Totpunkt[1]) durch das
kurz geöffnete Einblaseventil Preßluft in den schädlichen Raum strömen
läßt. Fällt der Druck am Manometer rasch, so ist eine Undichtigkeit
vorhanden, die sich bei genauem Hinhören auch schnell finden läßt.

Ist ein Indikator vorhanden, so kann durch Abnahme eines reinen
Kompressionsdiagramms — bei abgestellter Brennstoff-Einblasung, möglichst
aber noch bei voller Umlaufszahl — die Kompressionshöhe jederzeit kontrolliert werden. Bei kalter und unbelasteter Maschine wird der Kompressionsdruck stets etwas geringer sein, als bei warmer und belasteter
Maschine, da bei warmer Maschine die eingesaugte Luft im Zylinder eine
Erwärmung erfährt, die eine Erhöhung des Druckes zur Folge hat. Ist
diese Erhöhung ziemlich bedeutend, d. h. mehr als 1—1,5 Atm., so liegt
die Ursache zumeist in einer übermäßigen Erwärmung durch Verbrennungsgase, die in übergroßer Menge im schädlichen Raum zurückgeblieben sind.
Dieser Umstand kann dann eintreten, wenn im Ventil oder in der Auspuffleitung ein zu großer Widerstand herrscht. Dadurch wird auch die
Füllung des Zylinders mit Luft während der Saugperiode ungünstig be-
einflußt, denn nicht nur, daß natürlich die Gase die Stelle der Luft
einnehmen, sondern es wird auch noch die Luftmenge, d. h. das Gewicht
der übrigen Luft durch eine übermäßige Erwärmung vermindert. Da
sich in der Hauptsache aber die Mischung der heißen Gase mit der Luft

---

[1]) Es ist zu beachten, daß die Kurbel wirklich genau im Totpunkt steht,
da sich sonst das Schwungrad in Bewegung setzt; am besten das Rad unter-
stützen.

erst nach und nach, auch noch während des Kompressionshubes, vollzieht, so ist eine übermäßige Erhöhung des Kompressionsdruckes bei steigender Belastung zu gewärtigen. (Eine gleiche übermäßige Erhöhung des Kompressionsdruckes bei Belastung kann auch dadurch hervorgerufen werden, daß ein Kolbenriß, bzw. eine Kolbenundichtigkeit vorhanden ist, die sich bei Belastung verliert, oder auch noch durch übermäßige Erwärmung des Kolbens.)

VI. Die Pleuelstange.

31. Wie erkennt man, ob das Kolben- oder das Kurbellager klopft?

Über das Klopfen des Kolbenzapfenlagers wurde bereits unter 16. gesprochen. Zugleich wurde auch mitgeteilt, wie das Klopfen des Kurbelzapfenlagers festgestellt werden kann und wird auf das dort Gesagte verwiesen.

32. Wie ist das Klopfen des Kurbel- bzw. Kolbenzapfenlagers zu beseitigen?

Betrachten wir zuerst den einfacheren Fall, weil leichter zugänglich, das Klopfen des Kurbelzapfenlagers. Hat man sich davon überzeugt, daß die Kurbelzapfenlagerschale einen Verschleiß erlitten hat, so muß man von den zwischen den Schalenhälften befindlichen Beilageblechen so viel fortnehmen, bis das Spiel zwischen dem Zapfen und der Schale wieder normal, d. h. za. 0,1 mm ist. Bei den Pleuelstangen, die besonders Lagerschalen besitzen, muß unbedingt darauf geachtet werden, daß die Beilagen auf die Schalen zu liegen kommen und nicht auf den Pleuelstangenkopf, da sonst die Schalen nicht festsitzen und das Schlagen trotz des scheinbaren Nachstellens nicht beseitigt ist.

Bei dem Kolbenbolzenlager ist das Nachstellen wegen der schweren Zugänglichkeit umständlicher, da man bei den stehenden Motoren deswegen den Zylinderdeckel samt Ventilhebel und dann den Kolben mitsamt der Pleuelstange ausbauen muß.

Die Kolbenzapfenschalen der kleineren Motoren werden aus Phosphorbronze hergestellt; bei größeren Einheiten werden Stahlguß-Schalen mit Weißmetallfutter verwendet.

Wenn die Bronzeschale mit der Zeit einen Verschleiß erleidet, d. h. ein Spiel entsteht, das starkes Klopfen im Gefolge hat, so muß man von der Auflagefläche der zwei Schalenhälften so viel abfeilen, bis zwischen dem Zapfen und der Schale wieder das zugelassene Spiel vorhanden ist. In solchen Fällen verbleibt zwischen dem Stangenkopf und der Schale eine Lücke, in welche eine Beilage einzupassen ist, damit die Schale festsitzt. Besitzt der Stangenkopf eine Nachstellschraube, so ist es empfehlenswert, die Schraube erst dann anzuziehen, wenn bereits in die Lücke zwischen dem Lager und der Stange die Beilage eingepaßt ist, damit die Schale durch das Anziehen der Schraube nicht deformiert bzw. nicht zerbrochen wird. Die Schraube ist sorgfältig zu sichern.

Bei mit Weißmetall ausgegossenen Schalen legt man zwischen die beiden Lagerhälften eine Beilageplatte, von der man beim Nachstellen so viel fortnimmt, bis sich Zapfen und Schale berühren. Das beim Nachstellen des Lagers entstandene Spiel zwischen dem Stangenkopf und der Schale muß auch hier durch entsprechende Beilage ausgefüllt werden, wie dies bei der Bronzeschale bereits erwähnt wurde.

Bei der Bronzeschale ist es empfehlenswert, bei kleineren Motoren zwischen dem Zapfen und der Schale ein Spiel von 0,05—0,1 mm, über 100 PS ein Spiel von 0,1—0,15 mm zu belassen. Wenn der in den Kolben einzusetzende Teil des Zapfens konisch ist, so empfiehlt es sich, erst nach Einmontierung zu ölen, denn wenn auf die konischen Flächen Öl gelangt, sitzt der in den Kolbenzapfennaben eingeschliffene Zapfen nicht fest auf.

Beim Nachpassen der Schalen ist darauf zu achten, daß sich die Länge der Pleuelstange — von Zapfenmitte bis Zapfenmitte — nicht

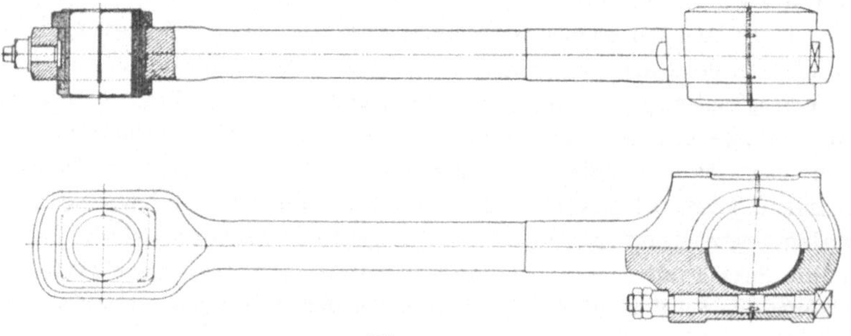

Fig. 12.

ändert, weil dies die Änderung der Höhe des schädlichen Raumes nach sich zieht, was nicht statthaft ist.

33. Wann können die Pleuelstangenschrauben abreißen? Welche Folgen zieht dieses Abreißen nach sich? (Fig. 12.)

Die Pleuelstangenschrauben werden aus Material großer Dehnung, bei entsprechender Festigkeit hergestellt, denn nur durch bestes Material wird den großen Anforderungen, welchen diese Schrauben genügen müssen, entsprochen.

Das Abreißen dieser Schrauben — wie überhaupt bei allen Schrauben — kann durch zu starkes Vorspannen beim Anziehen hervorgerufen werden. In solchen Fällen kann es sogar vorkommen, daß der Zapfen warm läuft, was dessen Ausdehnung mit sich bringt, wodurch die Inanspruchnahme der Schraube noch vergrößert wird.

Falls die Schale bereits sehr abgenützt ist, ohne daß das Lager nachgepaßt wurde, so verursachen die durch das Spiel im Lager hervorgerufenen starken Schläge bei den Schrauben, besonders beim Gewinde-

Übergang bzw. bei den Absätzen haarfeine Risse, welche mit der Zeit zum Abreißen der Schrauben führen.

Der Riß der Pleuelstangenschraube ist daraus zu erkennen, daß das Klopfen nicht unterbleibt, obwohl die Schalen nachgepaßt wurden. In solchen Fällen muß man die Schrauben herausnehmen, gründlich mit Petroleum rein waschen, um den Riß zu finden. Ist wirklich ein Sprung vorhanden, so ist die betr. Schraube sofort auszuwechseln.

Wenn aus irgend einem Grunde der Kolben klopft und anfrißt, so erleiden die Schrauben eine sehr große Beanspruchung. In solchen Fällen ist es gleichfalls empfehlenswert, die Schrauben herauszunehmen und gründlich zu prüfen.

Das Abreißen der Schrauben bzw. einer Schraube kann auch dadurch hervorgerufen werden, daß die Mutter sich gelockert hat, denn alsdann vergrößert sich der zwischen der Schale und dem Zapfen befindliche Spielraum, was starkes Schlagen verursacht, und zwar in dem Maße, daß die Schrauben abreißen müssen. Deshalb muß man die Schraubenmutter und deren Sicherung von Zeit zu Zeit untersuchen und nötigenfalls sofort nachziehen.

Das Abreißen der Pleuelstangenschrauben verursacht in der Maschine sehr große Zerstörungen. Die Pleuelstange zerschlägt den Ständer, wobei sie sich selbst verbiegt, die Welle macht die Grundplatte und die Lagerschalen unbrauchbar, es zerbricht der Kolben, selbst der Zylinderdeckel kann abreißen, die Ventilspindel werden verbogen usw. Das Besagte begründet also die Forderung, auf die Pleuelstangenschrauben ein besonderes Augenmerk zu richten.

Man soll sich auch keinesfalls verleiten lassen, die Schraube, welche leichter zugänglich ist, kräftiger anzuziehen, denn dadurch erleidet sie eine größere Beanspruchung und kann eher abreißen.

34. Wie kann man sich überzeugen, daß die Pleuelstange richtig in den Zylinder eingesetzt ist?

Zur Durchführung dieser Untersuchung muß man den Kolben herausnehmen, sodann entfernt man aus der Kurbelzapfenschale der Pleuelstange die Beilagen, setzt dieselbe auf dem Kurbelzapfen auf und zieht die Pleuelstangenschrauben so fest an, daß die Pleuelstange (in Wasserwage eingestellt) vertikal stehen bleibt. Dann mißt man die Entfernung vom Rande der Kolbenzapfenschale bis Mitte Zylinderwand und im Kolben die Nabenlänge der entsprechenden Kolbenzapfenseite. Diese zwei Abmessungen müssen mit Berücksichtigung des Kolbenspiels an beiden Seiten übereinstimmen. Wenn die Abmessungen nicht übereinstimmen, so wird sich die Kolbenzapfenschale auf der einen Seite gegen die Kolbenzapfennabe drücken, wodurch starkes Erwärmen entstehen kann.

35. Wodurch entsteht das Warmlaufen des Kolbenzapfens? Wie ist dasselbe zu vermeiden? Wann ist der Kolbenzapfen gegen einen neuen auszutauschen?

Der Kolbenzapfen kann warmlaufen:

Infolge mangelhafter Montierung, wie im Punkt 34 erwähnt, oder infolge zu strammen Einpassens des Lagers zwischen die Zapfennaben, d. h. wenn das Spiel so gering ist, daß die Lagerschalen schon bei der normalen Wärmeausdehnung klemmen; ferner infolge schlechter Schmierung, d. h. wenn der Kolben zu wenig oder mit schlechtem Öl geschmiert wird. Ist das Öl steif, oder unrein, oder ein stark verkrustendes (der Flammpunkt ist zu niedrig), so gelangt durch das kleine Loch zum Zapfen nur sehr wenig oder überhaupt kein Öl. Wenn in solchen Fällen der Kolbenzapfen warm läuft und man den Motor nicht rechtzeitig abstellt, so dehnt sich auch der Kolben stark aus, das Öl kann nicht zwischen den Kolben und Zylindereinsatz gelangen und der Kolben frißt sich ein.

Hat man den Motor rechtzeitig abgestellt, so läßt man das Kühlwasser so lange durch die Maschine laufen, bis sich der Kolben und Zapfen wieder abgekühlt haben. Dann läßt man die Maschine wieder an, tritt jedoch die Erwärmung wieder auf, so muß man den Kolben mitsamt der Pleuelstange herausnehmen und die Schalen in bekannter Weise eintuschieren. Sodann werden die Schalen (bei Bronzeschalen mit entsprechendem Spiel) in die Pleuelstange eingelegt, Pleuelstange, Kolben und Kolbenzapfen zusammengesetzt und sodann der Kolben mitsamt der Pleuelstange (eventuell nach Durchführung der Revision hinsichtlich richtiger Montierung laut Punkt 17) in den Zylinder eingebaut. Bei der Pleuelstange hat das Kurbelzapfenlager kein seitliches Spiel, dafür gibt man, je nach Größe des Motors, bei dem Kolbenzapfenlager ein seitliches Spiel bis zu 1,5 mm auf jeder Seite.

Nach langem Gebrauch wird der Kolbenzapfen oval. In diesem Falle ist er herauszunehmen und nachzuarbeiten und zwar, da die Kolbenzapfen gehärtet sind, nachzuschleifen. Das Schleifen kann jedoch nicht endlos wiederholt werden, denn sobald der Zapfendurchmesser kleiner würde als der Durchmesser des kleinen Befestigungskonusses, wäre auch der Lagerdurchmesser kleiner als letzterer und man könnte den Zapfen nicht mehr in das Lager hineinbringen. Es muß alsdann ein neuer Zapfen angefertigt werden. Wenn der Zapfen nur an der Oberfläche gehärtet war und beim Schleifen die harte Kruste verloren geht, so muß der Zapfen ausgewechselt werden. Der Zapfen ist gleichfalls auszuwechseln, wenn die Naben im Kolben einen so starken Verschleiß aufweisen, daß der Zapfen nicht mehr festsitzt, alsdann sind die Naben nachzuarbeiten und ein dazu passender abnormaler Zapfen anzufertigen.

36. Aus welchen Gründen läuft der Kurbelzapfen warm?

Der Grund für das Warmlaufen kann wiederum ungenügende Ölmenge oder mangelhafte Beschaffenheit des Öles sein. Wenn z. B. infolge irgend eines Grundes kein Öl mehr zum Zapfen gelangen kann, sei es, daß der Ölbehälter leergelaufen ist, sei es, daß die zur Zentrifugalschmierung führende Rohrleitung verbogen ist, so daß das Öl nicht in den Zentrifugalring tropft, oder sei es, daß sich das Loch vom Zentrifugalring zum Zapfen verstopft hat.

Wenn das Weißmetall durch Heißlaufen des Lagers schmilzt, kann es in die auf dem Kurbelzapfen befindlichen Schmierlöcher gelangen und sie so fest verstopfen, daß man sie wieder ausbohren muß.

Der Zentrifugal-Schmierring muß oft gereinigt werden; dazu darf jedoch kein faseriges Putzmittel verwendet werden. Es ist empfehlenswert, die Löcher mit der Petroleumspritze zu reinigen.

Es ist darauf zu achten, daß die Schale nicht in der Hohlkehle aufliegen soll, da sie dann nur auf einer kleinen Fläche trägt und unbedingt warmlaufen muß.

Falls bei Druckschmierung die Pumpe versagt, der Druck des Öles also zu tief sinkt, tritt gleichfalls das Warmlaufen des Zapfens ein.

37. Aus welchen Gründen kann sich die Pleuelstange verbiegen?

Die Gründe für das Verbiegen der Pleuelstange sind schon im bisher Gesagten erwähnt und sind kurz zusammengefaßt folgende:

beim Reißen der Pleuelstangenschrauben,

bei Wellenbruch,

oder wenn sich im Zylinder durch irgend einen Umstand so viel Wasser angesammelt hat, daß es im schädlichen Raum keinen Platz mehr finden kann.

VII. Die Welle.

38. Wodurch wird ein Wellenbruch verursacht? Wo pflegen die Wellen zu brechen? Wie ist der Bruch zu vermeiden? Welche Folgen hat der Wellenbruch? Wie kann man den dem Bruch vorangehenden Riß wahrnehmen?

Der höchstbeanspruchte Teil der Welle liegt beim Übergang des Zapfens zu den Kurbelschenkeln. Bricht also die Welle infolge irgendeiner äußeren Wirkung, so bricht sie am häufigsten an der Stelle I und seltener an der Stelle II. (Siehe Fig. 13.)

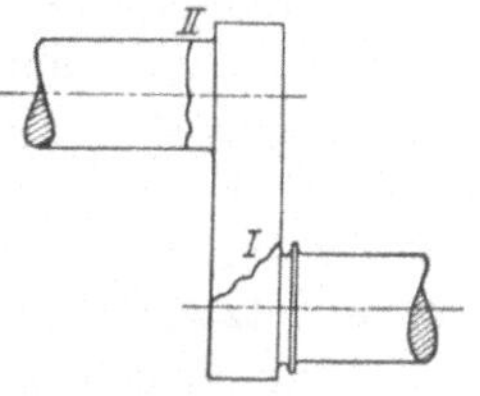

Fig. 13.

Der Wellenbruch entsteht hauptsächlich dadurch, daß die Welle nicht ordnungsgemäß gelagert ist, z. B. daß sich nur ein Lager senkt und die übrigen Lager in ihrer ursprünglichen Lage verharren, so daß also die Welle bei der Betriebsbeanspruchung an dieser Stelle jedesmal gebogen wird.

Dieser Fall kann eintreten:

1. Bei mangelhafter Schmierung der Lager.

Die Lager der Welle — Hauptlager — erhalten ihr Schmieröl im allgemeinen durch Ringschmierung oder durch Druckschmierung.

Die Behandlung der Ringschmierlager ist sehr einfach; sie erfordern eine sehr geringe Aufsicht, jedoch kann ihre Vernachlässigung einen bedeutenden Schaden mit sich bringen. Bei der Ringschmierung wird das Schmieröl aus der Ölkammer durch die Ringe gehoben und auf die Laufflächen gebracht. Von hier fließt das Öl in einen Ölfänger, von wo es durch eine entsprechende Bohrung in die Ölkammer zurückfließt, so daß das gleiche Schmieröl immer wieder verwendet wird.

Wenn der Ring sich während des Betriebes nicht dreht, so wird das Lager warm, und wird nicht abgeholfen, so schmilzt das Metall. Das tritt z. B. dann ein, wenn das Öl zu dickflüssig geworden ist, oder wenn sich die Bohrung, durch die das Öl zurückfließen soll, verstopft hat, da dann kein Öl zur Schmierfläche gelangen kann.

Es ist empfehlenswert, die Ölkammer mindestens alle zwei Monate gründlich zu reinigen und mit frischem Öl zu füllen. Das alte Öl kann entweder für untergeordnete Zwecke verwendet werden (Transmissionen), oder nach gründlicher Filtration in geeigneten Filtern und unter Zusatz von mindestens $1/3$ Frischöl wieder verwendet werden.

Bei der Druckschmierung kann die Öllieferung durch das Versagen der Pumpe, durch Leckwerden einer Leitung oder durch Verstopfung des eingebauten Ölfilters versagen, was dieselben Übelstände im Gefolge hat. Es darf daher nicht unterlassen werden, sich häufiger durch Kontrolle des Manometers zu überzeugen, ob die Öllieferung eine tadellose ist.

2. Wenn die Lagerschalen eines Lagers Verschleiß erlitten haben und sie nicht nachgepaßt bzw. beim Nachpassen des einen Lagers die anderen nicht nachgerichtet werden. In diesen Fällen ist das gute Aufliegen der Welle nicht mehr gesichert. Der Bruch kommt an jener Schenkelseite vor, an der sich das Lager gesenkt hat. Häufiger kommt auch der Bruch an jener Schenkelseite vor, an welcher das Lager wegen des Schraubenrades geteilt ist. Ist dabei das Schwungrad neben dem geteilten Lager aufgekeilt, so bringt dies durch die erhöhte Belastung die Bruchgefahr in erhöhtem Maße mit sich. Bei Einzelzylindermaschinen kommen diese Brüche häufiger vor, als bei mehrzylindrigen, da bei ersteren das Lager auf der Schwungradseite unter höherer Belastung steht, als bei letzteren, bei welchen die Welle mehrfach gestützt ist.

Der Bruch kommt bei dem Kurbelzapfen selten vor, was auf die Senkung beider neben dem Schenkel liegenden Lagerschalen zurückzuführen ist.

3. Einen Grund für den Wellenbruch kann die Senkung des Fundamentes bilden, insbesondere, wenn sich jener Fundamentteil senkt, auf welchem das Außenlager befestigt ist. In solchen Fällen tritt der Bruch ebenfalls beim Kurbelschenkel ein.

4. Der Wellenbruch kann auch durch übermäßig hohe Belastung der Welle hervorgerufen werden. Solche Überlastungen kommen bei stoßweiser, explosionsartiger Verbrennung oder bei Anwendung von zu

hoher Kompression vor, weil dadurch der Verbrennungsdruck sehr erhöht wird.. Ganz besonders hohe Beanspruchung der Welle kann beim Anlassen eintreten, weil dann in den Zylindern hohe Drücke vorkommen können. Z. B. durch übermäßiges Vorpumpen von Brennstoff in das Brennstoffventil, oder durch unnötig hohen Anlaßluftdruck. Wenn in solchen Fällen die Welle auch nur einen Haarriß erleidet, so nimmt derselbe durch die ständige Biegungsbeanspruchung dieser alsdann unter Kerbwirkung stehenden Stelle seinen Fortgang, bis der Riß eine solche Ausdehnung erreicht, daß die noch übrige, freie Fläche für die Beanspruchung nicht mehr genügt; alsdann muß die Welle durchbrechen.

Um den Wellenbruch zu vermeiden, muß man also: für die entsprechende Schmierung sorgen, die Lager häufiger kontrollieren, bzw. nachpassen, den Zustand des Fundamentes von Zeit zu Zeit prüfen und die Welle durch Vermeidung zu hoher Drücke nicht übermäßig belasten.

Als Folgen des Wellenbruches, insbesondere wenn Gegengewichte angebracht sind, können verzeichnet werden: Beschädigung des Ständers und der Grundplatte, sowie Verbiegung der Pleuelstange.

Das Vorhandensein auch. nur eines geringen Anrisses der Welle ist an der Ausschwenkung des Schwungrades, bzw. durch das Schlagen desselben sofort zu erkennen. Ist in den Lagern kein Spiel vorhanden, d. h. läuft die Welle in den Lagern gut, so macht das Schwungrad nur Auslenkungen in seiner Ebene. Wird jedoch ein seitliches Schlagen wahrnehmbar, so sind die Kurbelschenkel, besonders derjenige an der Schwungradseite sofort zu reinigen und auf einen Riß hin zu untersuchen, der sich vielleicht vorerst in Form eines feinen, ölhaltigen Haarrisses bemerkbar macht.

39. Auf welche Weise nimmt man die Untersuchung der richtigen Lage der Welle vor?

Die richtige Lage der Welle ist von der richtigen Lage der Lagerschalen abhängig, demzufolge man trachten muß, die Lagerschalen im guten Zustande zu erhalten. Schlägt das Schwungrad in seiner Ebene, so kann man auf eine unrichtige Lagerung, bzw. auf das Vorhandensein eines Verschleißes der Lagerschalen schließen.

Zwecks Untersuchung der Lager ist der Kolben samt Pleuelstange auszubauen, dann sind die unteren Lagerschalen herauszunehmen und es ist die Auflagefläche zu untersuchen. Wird ein Verschleiß einer Schale festgestellt, so ist diese Schale in bekannter Weise einzutuschieren und zugleich auch die übrigen Lagerschalen entsprechend nachzupassen, in der Weise, daß die Welle wieder in Wasserwage liege. Dann feilt man von der Anpaßfläche der Lager bzw. man nimmt von den Beilagen (wenn vorhanden) so viel ab, daß die obere Lagerschale, fest angezogen, die Welle berührt. Auch wenn ein Lager warm gelaufen ist, empfiehlt es sich, das Liegen der Welle in der geschilderten Weise zu untersuchen.

40. Wie äußert sich die normale Betrieberwärmung der Welle?

Im Laufe des Maschinenganges erwärmen sich sämtliche Maschinenteile, also auch die Welle, was natürlich eine Ausdehnung sämtlicher Teile mit sich bringt. Da sich die Welle besonders in der Längsrichtung ausdehnt, so ist ein Spielraum vorzusehen, damit die Welle nicht seitlich an die Lagerschalen gepreßt wird und zwar gibt man deshalb beiderseits der Schale Luft von 1 mm. Um das Hin- und Herbewegen der Welle in diesem Spiel zu verhindern, was auf das gute Laufen der Schraubenräder einen schädlichen Einfluß hat, bzw. deren raschen Verschleiß herbeiführt, wird die Welle in einem Lager geführt, derart, daß bei diesem kein seitliches Spiel gegeben wird. Dazu wählt man entweder das Hauptlager an der Schwungradseite oder ein mittleres Lager; am gebräuchlichsten ist ersteres, zumal wenn vom Schwungrad selbst die Kraft durch Riemen übertragen wird oder die Maschine direkt mit einem elektrischen Generator gekuppelt ist.

VIII. Saug- und Auspuffventil.

41. Welche Folgen verursacht das Undichtwerden eines Ventiles? Wie wird das Saug- bzw. Auspuffventil eingeschliffen?

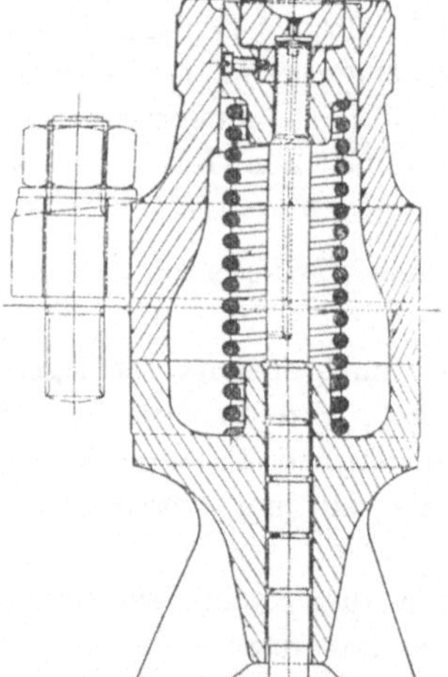

Fig. 14.

Dichtet das Saugventil nicht, so ist beim Saugstutzen ein Zischen hörbar, da die verdichtete Luft und die heißen Verbrennungsgase durch die Undichtigkeit abgeblasen werden. Legt man die Hand auf den Saugstutzen, so ist die Wärme der ausströmenden Gase fühlbar.

Ist das Auspuffventil undicht, so wird ein Rauchen beim Ventil sichtbar; zugleich erwärmt sich auch die Ventilhaube abnormal. Infolge der Undichtigkeit wird ein Teil der Verbrennungsgase zurückgesaugt. Durch die Undichtigkeit eines oder beider Ventile verringert sich auch die Kompression, so daß das Anlassen der Maschine erschwert ist. Fig. 14.

Zwecks Einschleifens des Auspuffventiles baut man das Ventil aus und legt im Deckel auf die Auflagefläche des Ventilgehäuses eine Platte, um zu verhindern, daß Unreinlichkeiten in den Zylinderraum gelangen. Hierauf nimmt man die Spindel heraus und untersucht die Dichtungsflächen. Sind diese Flächen verschlagen, so sind sie auf der Drehbank nachzuregulieren; kleinere Fehler können durch vorsichtiges Abfeilen und nachherigem Einschleifen behoben werden. Wenn die Sitzfläche des Gehäuses reguliert ist, wird das Ventil eingesteckt und auf seinem Sitz im Gehäuse eingeschliffen. Hierzu verwendet man eine Mischung von Öl und Karborundumpulver (oder auch fertige Schleifmassen), mit welcher die Fläche eingeschmiert wird. Dann dreht man den Ventilteller (Fig. 15) einigemal herum, bis die Fläche einen matten Glanz annimmt. Sodann werden die Flächen gereinigt und das Ventil zusammenmontiert.

Fig. 15.

42. Aus welchem Grunde reißt die Spindel ab? Was sind die Folgen dieses Abreißens?

1. Die Ventilspindel ist mit ihrer oberen Führung in irgend einer Weise, sei es durch Gewinde oder Keil, befestigt. Diese Befestigung führt eine Schwächung der Ventilspindel herbei, was mit der Zeit infolge Ermüdung des Materials zum Bruche führen kann. Der Bruch wird selbstverständlich an der schwächsten Stelle eintreten.

Es ist daher empfehlenswert, die Ventile von Zeit zu Zeit gegen die Reserveventile auszutauschen und ruhen zu lassen.

2. Oft kann der Bruch auf nicht entsprechendes Material zurückgeführt werden.

Fällt das abgebrochene Ventil in den Verbrennungsraum, so schlägt es auf den Kolben auf; da es im Kompressionsraum keinen Platz hat, so wird irgend etwas zerstört werden; entweder verbiegt sich die Spindel und der Ventilteller wird zusammengestaucht oder es kann auch oder zugleich der Kolbenboden, sowie der Deckel beschädigt werden.

42a. Aus welchem Grunde bleibt die Spindel hängen? Was sind die Folgen davon?

Das Ventil kann hängen bleiben:

1. wenn zwischen dem Ventil und der Führung nicht genügendes Spiel für die Wärmedehnung vorgesehen wurde, oder wenn das Spiel wegen Verkrustung des Schmieröles sich verringert hat;
2. wenn die Führungen der Spindel und des Gehäuses nicht zentrisch liegen und die Ventilspindel hierdurch geklemmt wird;
3. wenn die Spindel zu viel oder aber mit schlechtem Öl geschmiert wird;
4. wenn die Maschine aus irgend welchen Gründen raucht und sich dadurch an der Spindel des Auspuffventils Ruß niederschlägt;
5. wenn an der Ventilhebelrolle nicht genügend Spiel gelassen wurde.

Die Folge des Hängenbleibens ist, daß der Kolben an den Teller anschlägt und da die Hebelrolle an der Nocke liegt, das Ventil also nicht nachgeben kann, sich die Spindel krümmt.

43. Welche Folgen hat bei der Ventilspindel die Nichtberücksichtigung der Wärmedehnung?

Das Auspuffventil steht unter besonders großer Wärmebeanspruchung, so daß der Vergrößerung des Zylinderdurchmessers durch die Größe eines betriebssicheren Auspuffventils eine Grenze gesetzt wird. Ist der Ventildurchmesser sehr groß, so verzieht sich sowohl einerseits nach kurzer Zeit das Ventil, es wird oval, so daß der Ventilteller auf der Dichtungsleiste des Gehäuses nicht mehr dichtend aufliegen wird; andererseits wird sich auch das Gehäuse wegen anderer Massenverteilung ganz anders dehnen, als der Ventilteller. Schleift man das Ventil ein, so wird es trotzdem nach einigen Betriebsstunden wieder undicht sein; infolgedessen entweicht ein Teil der angesaugten Luft während der Kompression, es vermindert sich also der Luftinhalt des Zylinders, d. h. auch seine Leistung; um dieselbe trotzdem zu erreichen, muß eine größere Menge Brennstoff zur Verbrennung kommen, die jedoch nur unvollkommen verbrennen kann, d. h. die Maschine raucht. Wie während des Kompressionshubes Luft, entweicht auch während des Ausdehnungshubes ein Teil der Verbrennungsgase ohne Arbeit zu leisten, was natürlich gleichfalls einen Verlust an Leistung bedeutet und den Brennstoffverbrauch weiter erhöht; mit anderen Worten: die Maschine arbeitet bei Vollast oder noch darunter so, als wenn sie im normalen Zustand mit Überlastung laufen müßte und es treten alle die schädlichen Folgen dieses Betriebszustandes ein.

Durch Kühlung der Spindel und eventuell des Gehäuses kann man den Ventildurchmesser vergrößern und die Betriebssicherheit der Ventile erhöhen, da das Verziehen des Materials durch die Kühlung vermindert wird. Die Ventilspindelkühlung ist die wirksamere, da das Kühlwasser durch die Spindel bis in die Nähe der Dichtungsleiste geführt werden kann, was bei der Gehäusekühlung konstruktiv schwer zu erreichen ist; dafür ist jedoch die Wasser-Zu- und -Abführung zu der in Bewegung befindlichen Spindel schwieriger, als zu dem Gehäuse. Die Kühlung des Gehäuses muß aus dem Grunde schon bei Maschinen von mehr als 70 PS. vorgenommen werden, um die Längenausdehnung durch die Wärme möglichst zu vermindern, da die dadurch hervorgerufene Beanspruchung des Ventilflansches diesen am Ventilkörper abreißen läßt.

Die Flanschenschrauben sollen im kalten Zustande der Maschine nur schwach angezogen werden. Hat die Maschine ihre normale Betriebswärme angenommen, so sind die Schrauben zu prüfen, und wenn erforderlich mittels normalen Schraubenschlüssels mit der Hand anzuziehen, bzw. nötigenfalls nachzulassen.

Zur Kühlung des Ventils wird zweckmäßig frisches Wasser, durch gesonderte Leitungen zugeführt, verwendet; das kontinuierliche Zufließen des Kühlwassers ist stets zu kontrollieren. Zwecks Bohrung der Wasserkanäle muß in die Ventilspindel ein größeres Loch gedreht werden, welches dann dicht zu verschrauben ist, damit kein Wasser in den Zylinderraum sickern kann.

Wie bereits erwähnt, muß zwischen der Spindel und der Führung wegen der Wärmedehnungen ein Spiel vorgesehen werden. Dieses Spiel ist jedoch auch deswegen erforderlich, um dem Schmiermittel Raum zu schaffen.

Die Führungen der Spindel sind insbesondere bei größeren Einheiten so ausgeführt, daß dieselben bei etwa eintretendem größeren Verschleiß ausgetauscht werden können. Da bei der Spindel die Abdichtung durch die lange Führung erzielt wird, so wird im Falle des Verschleißes nicht nur eine schlechte Führung, sondern auch eine mangelhafte Abdichtung entstehen.

44. Wie wird die Ventilspindel richtig geschmiert?

Erfahrungsgemäß ist eine Mischung von Petroleum und Öl für das Schmieren der Ventilspindel zweckmäßig und zwar von Zeit zu Zeit, za. jede Stunde 6—8 Tropfen. Zu viel soll nicht geölt werden, sonst verkrusten sich die Schmierlöcher und die Ventilführungen.

Bei wassergekühlten Ventilen ist es empfehlenswert, jeden zweiten Tag das Kühlwasser auf eine viertel Stunde abzusperren. Hierdurch erwärmt sich das Ventil und die Krusten brennen ab, wodurch ein häufigeres Ausbauen der Ventile zwecks Reinigens erspart wird.

45. Welche Gesichtspunkte sind zu berücksichtigen beim Zerlegen und Zusammenbauen der Ventile?

Wenn das Ventil längere Zeit hindurch durch Nachlässigkeit des Personals nicht ausgetauscht wurde, oder die Maschine unbemerkt rauchte, so kann man das Gehäuse infolge der Verkrustungen des Öls schwer ausbauen. Beim Ausbau soll man keine Gewalt anwenden, sondern man baut vorerst das Saugventil aus, legt dann ein entsprechendes Eisenstück unter das Auspuffventil auf den Kolben und setzt den Kolben mittels der Schwungraddrehvorrichtung vorsichtig und langsam in Bewegung, wodurch das Auspuffventilgehäuse herausgepreßt wird. Beim Saugventil kommen die Verkrustungen nicht vor, da dieses Ventil durch die eingesaugte frische Luft gekühlt wird.

Das Zerlegen eines Ventils ist infolge der Verkrustungen immer schwieriger, als der Zusammenbau; deswegen muß man darauf achten, daß beim Zerlegen des Ventils die Spindel nicht verbogen wird.

Vor dem Zusammenbau soll ein jeder Ventilteil gut mit Petroleum gereinigt und mit trockenem, aber nicht faserigen Lappen abgewischt werden. Vor dem Einsetzen des Ventilgehäuses ist es zweckmäßig, den ganzen im Zylinderdeckel befindlichen Teil des Ventilkörpers gut mit Talg einzureiben, da dadurch ein späteres Ausbauen sehr erleichtert wird, da Talg nicht verkrustet.

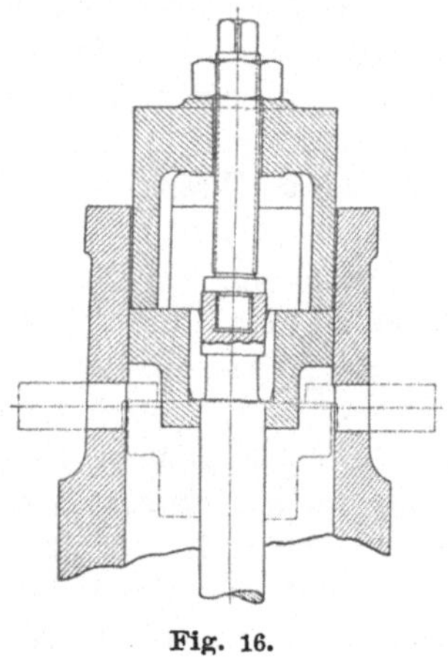

Fig. 16.

Ist das Ventil eingebaut und der Ventilhebel richtig montiert, so untersucht man noch, ob zwischen der Ventilhebelrolle und Nockenscheibe für die Wärmedehnung das erforderliche Spiel vorhanden ist. Zur richtigen Bemessung dieses Spieles sind entsprechende Fühler beizugeben.

Besteht das Ventilgehäuse aus zwei Stücken, so entsteht beim Zusammenbau wegen der Feder keine Schwierigkeit, ist aber das Gehäuse aus einem Stück angefertigt, so muß für das Zerlegen eine Vorrichtung, je nach der Konstruktion des Gehäuses, angewendet werden. Eine solche Vorrichtung stellt Fig. 16 dar. Bei dieser Vorrichtung ist die Führung mittels einer kleinen Schraubenpresse so tief zu drücken, daß die die Feder mit der Spindel verbindende Einrichtung freigelegt wird. In der Fig. 16 ist z. B. ein zweiteiliger Ring frei zu legen, dann wird die Führung durch seitlich eingesteckte Bolzen so lange festgehalten, bis die zweiteilige Verbindungshülse ausgebaut ist. Nach Entfernen des Führungsbolzens wird hierauf die Führung durch die Presse langsam nachgelassen.

46. Woran erkennt man einen Bruch der Ventilfeder? Was sind dessen Folgen?

Eine Feder bricht infolge nicht entsprechenden oder ermüdeten Materials, und zwar meistens bei den Anfangswindungen, da diese Stellen am stärksten beansprucht sind.

Der Federbruch kann durch das Schlagen des Ventiles erkannt werden. Dieses Schlagen tritt jedoch auch infolge Hängenbleibens des

Ventiles ein. Um den richtigen Grund festzustellen, ist die Spindel sofort einzuölen; dauert trotzdem das Schlagen fort, so ist aller Wahrscheinlichkeit nach die Feder gebrochen.

Die Folgen des Federbruches sind: die Spindel kann sich verbiegen oder abbrechen und hierdurch Defekte im Zylinderinnern verursacht werden. Wird die Feder schlaff, so kann man diesem Übelstand für kurze Zeit mit einer unter die Feder gelegten Scheibe abhelfen. Es ist hierbei nur zu beachten, daß die Feder noch entsprechend der Ventilerhebung zusammendrückbar sei.

47. Welche Folgen hat es bei mehrzylindrigen Motoren auf die übrigen Auspuffventile, wenn ein Auspuffventil nicht richtig funktioniert?

Dichtet ein Auspuffventil nicht, so entfällt auf den betreffenden Zylinder eine geringere Belastung, als auf die übrigen; infolgedessen sind diese mehr belastet, als dies bei tadellosem Funktionieren sämtlicher Auspuffventile der Fall wäre. Der Regler muß eine größere Füllung einstellen, wodurch aber lediglich der Brennstoffverbrauch ein größerer wird, trotzdem die Belastung gleich groß geblieben ist.

Da gewöhnlich die Auspuffrohre vereinigt sind, kann es besonders bei schlaffen Federn vorkommen, daß sich während der Saugperiode ein Auspuffventil eines anderen Zylinders öffnet, wodurch die eingesaugte Luftmenge verkleinert wird. Dieser Übelstand ist am Tanzen des Ventiles wahrnehmbar und muß sofort beseitigt werden.

48. Wie wird das Ventilgehäuse abgedichtet? Welche Folgen hat das unrichtige Abdichten?

Die Dichtungsflächen können konisch oder flach sein. Bei konischen Dichtungsflächen muß das Gehäuse zwecks Einschleifens zweiteilig angefertigt werden. Ist das Gehäuse undicht, so baut man den Gehäuse-Unterteil aus und untersucht, ob etwa die konische Dichtungsfläche oval ist, denn nur dies kann die Ursache für die Undichtigkeit bilden. Bei kleiner Ovalität kann man das Gehäuse noch eintuschieren und dann in der bekannten Weise einschleifen. Ist jedoch die Ovalität eine größere, so muß die konische Fläche auf der Drehbank reguliert werden. Diese Arbeit ist jedoch mit Vorsicht auszuführen, da das Ventil im Zylinderdeckel tiefer zu liegen kommt, ja sogar aus dem Deckel in den Kompressionsraum hinausragen kann.

Die Abdichtung des Gehäuses ist bei flachem Sitz eine viel einfachere; sie erfolgt derart, daß das Gehäuse entweder aufgeschliffen, oder aber — was noch besser ist — durch Zwischenlage einer elastischen Packung gedichtet wird. Hierfür kann man eine 2 mm Kupferdrahtwicklung, die stellenweise verzinnt ist (wie beim Zylinderdeckel), oder Lechlerringe (Asbestring mit Kupferblech eingefaßt) verwenden. Bei flacher Dichtung wird das Ventil aus einem Stück angefertigt.

Bei Undichtigkeit des Gehäuses muß die Dichtung erneuert werden. In solchen Fällen kommt es — besonders bei ungekühlten Gehäusen — vor, daß die Maschine an demselben Tag, an welchem die Packung erneuert wurde, gut gelaufen ist, am nächsten Tag jedoch nicht angeht. Der Grund hierfür liegt alsdann darin, daß die Dichtung nachgelassen hat und wieder eine Undichtigkeit entstanden ist. In diesem Falle sind die Muttern der Befestigungsschrauben anzuziehen. Bei der Erneuerung der Packung muß man stets den Abstand zwischen der Ventilhebelrolle und der Nockenscheibe prüfen.

Dichtet das Gehäuse nicht, so entstehen dieselben Folgen, welche bereits bei der Undichtigkeit des Ventiltellers angeführt wurden, und zwar erfolgt das Anlassen schwer, ja sogar überhaupt nicht; infolge Luftmangels und Verbrennungs-Gasentweichung wird die Leistung kleiner und der Brennstoffverbrauch größer, und die Auspuffgase werden zurückgesaugt. Da die Erscheinungen bei Undichtigkeit des Ventils und des Gehäuses die gleichen sind, gibt nur eine genaue Untersuchung über den richtigen Übelstand Aufschluß, zu welchem Zwecke das Ventil ausgebaut werden muß.

49. In welcher Weise wird die Bewegung des Auspuffventils durch das Verstopfen der Auspuffrohre bzw. des Auspufftopfes beeinträchtigt?

Nach längerem Betrieb kann sich im Auspuffrohr, insbesondere, wenn das Rohr mit viel Krümmungen verlegt wurde, Ruß ablagern; da der Ruß mit Wasser und Öl eine harte Masse bildet, verkleinert sich der Rohrquerschnitt für die Abgase. Dadurch wird der Widerstand im Auspuffrohr vergrößert, so daß weniger Abgase entweichen; es verbleiben daher mehr Abgase im Kompressionsraume bzw. im Zylinder, wodurch wieder weniger frische Luft angesaugt werden kann, so daß die Maschine ihre volle Leistung nicht abgeben kann. Dabei vergrößert sich der Brennstoffverbrauch und die Maschine raucht. Zugleich ist in der Maschine ein dumpfer Schlag und ein starkes Klatschen des Saugventils hörbar, und durch die vergrößerte Belastung erwärmt sich die Auspuffhebelrolle.

Es ist empfehlenswert, von Zeit zu Zeit, mindestens jeden Monat einmal, die Auspuffventile zu reinigen. Es ist natürlich, daß, wenn an ein verstopftes Auspuffrohr mehrere Auspuffventile anschließen, die erwähnten Erscheinungen an allen Zylindern wahrnehmbar sein werden.

50. Aus welcher Ursache gelangt in den Zylinderraum nicht genügende Luft?

Um die gröberen Unreinlichkeiten aus der Luft zurückzuhalten, wird die Luft durch dünne Spalten (Saugstutzen) eingesaugt, wodurch gleichzeitig der Lärm des Lufteinsaugens gedämpft wird. Mit der Zeit werden diese Spalten (Schlitze) von Unreinlichkeiten zugesetzt, so daß der Saugquerschnitt sich verkleinert und eine geringere Luftmenge in den Zylinder gesaugt wird. In solchem Falle müssen die Schlitze sorgfältig gereinigt, nötigenfalls mit Petroleum abgewaschen werden.

51. Wie wird in der Praxis untersucht, ob die Ventile richtig eingestellt sind?

Es ist empfehlenswert, die Einstellung der Ventile, d. h. den Zeitpunkt des Öffnens und Schließens von Zeit zu Zeit zu kontrollieren, denn es treten durch Verschleiß solche Verschiebungen ein, daß ein ruhiger Gang der Maschine ausgeschlossen ist.

Eine praktische Kontrolle der Einstellung zeigt Fig. 17. Man stellt den Kolben in den oberen Totpunkt und macht einen Riß am Schwungrad (H). Nun dreht man mit der Schwungradvorrichtung das Rad so lange, bis das Ventil öffnet bzw. schließt, wobei die entsprechenden Risse (N) für das Öffnen, und (Z) für das Schließen gemacht werden. Von Zeit zu Zeit hat man nun zu untersuchen, ob die Risse noch mit dem Öffnen oder dem Schließen des Ventiles übereinstimmen.

Fig. 17.

IX. Anlaßventil.

52. Warum versagt das Anlaßventil? Wie ist dies wahrnehmbar und wie sind die Ursachen des Nichtfunktionierens zu beheben? Was sind die Folgen?

Das Anlassen der Dieselmaschine erfolgt bei den gegenwärtigen Bauarten durch Druckluft von za. 45—50 Atm. und zwar derart, daß die Hochdruckluft aus den Anlaßflanschen durch das geöffnete Anlaßventil in den Verbrennungsraum strömt. Da das Anlaßventil nur während des Anlassens einige Umdrehungen hindurch arbeitet, kann es vorkommen, daß das Ventil sich festsetzt und beim Anlassen nicht funktioniert. Dieser Umstand tritt besonders nach längerer Betriebspause ein, wenn das Ventil eingerostet ist bzw. sich infolge schlechter Verbrennung Ölkruste ablagerte. Das Festsitzen des Ventils kann auch dadurch herbeigeführt werden, daß die Ventilflanschenschrauben ungleich angezogen wurden, oder daß die Mitten der beiden Spindelführungen nicht übereinstimmen.

Bleibt das Ventil hängen, so ist beim Saugstutzen ein starkes Blasen hörbar, da die hochgespannte Luft während der Saugperiode entweicht.

Das Hängenbleiben des Anlaßventiles birgt eine große Gefahr in sich; schließt sich nämlich das Ventil während der Kompression, wenn also der Zylinder mit Luft von hohem Druck gefüllt ist, so kann die Luft nicht mehr in die Leitung zurück entweichen und es findet eine weitere, bedeutende Erhöhung des Druckes statt (der Zylinder · wirkt sozusagen als HD-Stufe eines zweistufigen Verdichters). Für einen solchen Druck ist die Maschine aber beim Entwurf nicht berechnet und als Folge können Anfangsrisse an der Welle, Verbiegung der Pleuelstange usw. entstehen. Ist aber in diesem Augenblick durch Vorpumpen womöglich noch viel

Brennstoff im Zylinder oder die Brennstoffpumpe ist schon auf Betrieb eingeschaltet, so daß auch noch eine Zündung erfolgen kann, so entsteht im Verbrennungsraum ein derart hoher Druck, daß irgend etwas zersprengt werden muß.

Bleibt das Ventil derart hängen, daß es während der Kompression sich nicht schließt, so strömt die Luft aus dem Gefäß in den Verbrennungsraum und umgekehrt. In solchen Fällen erwärmt sich das Anlaßrohr und das Manometer an der Anlaßflansche zeigt ein rasches Fallen des Luftdruckes.

Es ist empfehlenswert, das Dichtsein des Ventils von Zeit zu Zeit zu untersuchen und zwar in der Weise, daß man für eine kurze Zeit die Anlaßluft auf das Ventil wirken läßt. Ist das Ventil undicht, so ist ein Zischen durch das eingehängte Saugventil oder am geöffneten Indikatorhahn hörbar.

Das Ventil ist bei den kleinsten Unregelmäßigkeiten auszubauen, zu untersuchen und die Mängel zu beheben, da sonst — wie gezeigt wurde — sehr schwere Folgen eintreten können.

Bei ortsfesten mehrzylindrigen Maschinen verwendet man gewöhnlich nicht mehr als 2 höchstens 3 Anlaßventile.

53. Welche Folgen hat ein Federbruch?

Da die Anlaßfeder bei der meist gebräuchlichen Konstruktion sichtbar ist, kann ein Federbruch sofort wahrgenommen werden. Dieser Bruch, welcher übrigens sehr selten vorkommt, tritt meistens infolge schlechten Materials (Härtefehler) auf.

54. Wie erkennt man die Undichtigkeit des Anlaßventils? Was sind deren Folgen?

Infolge Undichtigkeit des Ventils fällt der Druck im Anlaßgefäß rasch, da ein Teil der hochverdichteten Luft durch das Saugventil der Maschine entweicht. Dabei kann sich das Anlaßrohr auch erwärmen.

Die Folgen sind:

1. Luftverschwendung, weswegen das Anlassen nicht gelingen wird;
2. strömt heiße verdichtete Luft in das Anlaßgefäß zurück, so kann dadurch das etwa im Gefäß vorhandene Öl verdampfen und das Luft-Öldampfgemisch zur Explosion kommen. Eine solche Explosion zertrümmert den Anlaßgefäßtopf, event. auch das Rohr.

55. Welche Gesichtspunkte sind beim Zusammenbau des Ventils maßgebend?

Sämtliche Teile des Ventiles müssen vor dem Zusammenbau gut gereinigt werden. Wenn notwendig, so soll das Ventil in der schon wiederholt beschriebenen Weise eingeschliffen werden. Beim Einschleifen muß man darauf achten, daß die Breite der Dichtungsfläche sich nicht vergrößere, da sonst ein genaues Aufliegen und Dichten nicht zu erreichen ist.

Nach Einbau des Ventils muß untersucht werden, ob sich nach Anziehen der Flanschenschrauben und nach Festschrauben der Anlaßrohrflanschen die Spindel noch leicht bewegt.

Bei zweiteiligem Anlaßventil ist noch besonders darauf zu achten, ob die Flanschenschrauben so angezogen worden sind, daß die Spindel sich leicht bewegen läßt. Diese Untersuchung soll vor dem Einsetzen der Feder vorgenommen werden.

56. Welche Gesichtspunkte sind bei der Abdichtung des Anlaßventilgehäuses maßgebend?

Die Dichtungsflächen können flach oder konisch sein. Im übrigen ist das, was hierüber bei den Saug- und Auspuffventilen erwähnt wurde, auch hier maßgebend.

Um festzustellen, ob das Ventil oder das Gehäuse undicht ist, ist folgendes zu beachten: Ist das Ventil undicht, so strömt bei geschlossenem Anlaßventil die Anlaßluft in den Zylinder; ist das Gehäuse undicht, so erwärmt sich im Betrieb das Gehäuse abnormal; ist im Deckel selbst ein Loch, so erwärmt sich das Rohr.

Bei flachem Sitz ist die Dichtung durch Einschleifen oder Kupferringe (Lechlerringe) zu erreichen; bei konischer Fläche muß das Gehäuse zum Einschleifen zweiteilig ausgeführt sein.

X. Brennstoffventil. (Fig. 18.)

57. Die Zerstäubung.

Die Zerstäubung bezweckt den Brennstoff in Partikelchen zerteilt, in Luft gelagert in den Verbrennungsraum einzuführen. Hier werden die Brennstoffpartikelchen durch die hocherhitzte Luft vergast und zur Verbrennung gebracht. Bei einer vollkommenen Verbrennung verbleibt kein Rückstand im Verbrennungsraum. Damit die Verbrennung gleichmäßig vor sich geht, muß auch die Mischung von Luft und Brennstoffpartikelchen eine gleichmäßige sein; bei unvollkommener Mischung geht die Verbrennung stoßweise vor sich, was eine überflüssige Mehrbelastung der einzelnen Teile der Maschine nach sich zieht. Mit Rücksicht hierauf muß man bestrebt sein, bei der Einführung des Brennstoffes eine weitgehende Verteilung auf den gesamten Luftinhalt des Kompressionsraumes und eine gute Vermischung von Luft und Brennstoff herbeizuführen.

Eine gute Zerstäubung kann auch auf rein mechanischem Wege, ohne Luft, erzielt werden, nicht aber eine gute innige Vermischung von Luft und Brennstoffteilchen innerhalb der kurzen, zur Verfügung stehenden Zeit ohne ein geeignetes Treibmittel. Als solches Treibmittel wird beim Dieselmotor hochgespannte Luft verwendet, und zwar mit einer so hohen Spannung, daß der Überdruck gegenüber dem Kompressions- bzw. dem Verbrennungsdruck genügt, vermöge der Beschleunigung des Brennstoffes an der Düsenöffnung eine weitgehendste Zerteilung, Zerstäubung herbeizuführen und außerdem diesen Brennstoffstaub in der Luft des Kompressionsraumes zu **verteilen**. Die Zerstäubung findet also nicht, wie irrtümlich früher angenommen wurde, durch die innere Einrichtung des Brennstoffventiles (daher der Ausdruck: Zerstäuber, Zerstäuberplatten usw.) statt, sondern diese dient lediglich dazu, den Brennstoff so in die Zerstäubungsluft einzulagern, daß er weder zu rasch, also etwa alles auf einmal, noch zu langsam, etwa erst gegen Ende der Einblasung in den Kompressionsraum gelangt.

Das Verteilerorgan (fälschlicherweise Zerstäuber genannt). Am bekanntesten und weitverbreitetsten ist das Plattensystem (Fig. 19). Hier fließt der eingeführte Brennstoff, dessen Zuführung nur bei geschlossenem Ventil vor sich gehen darf, auf die oberste Platte, breitet sich aus und

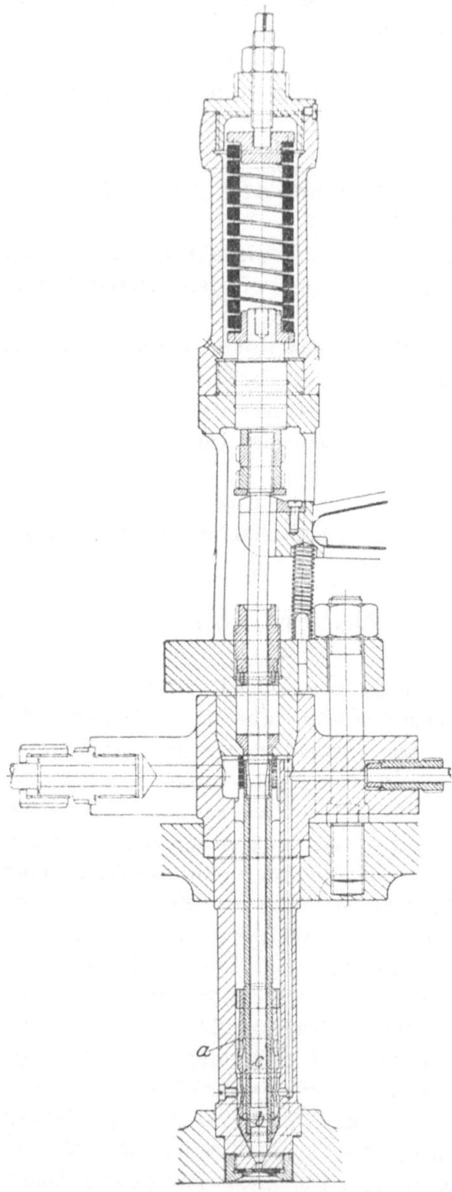

Fig. 18.

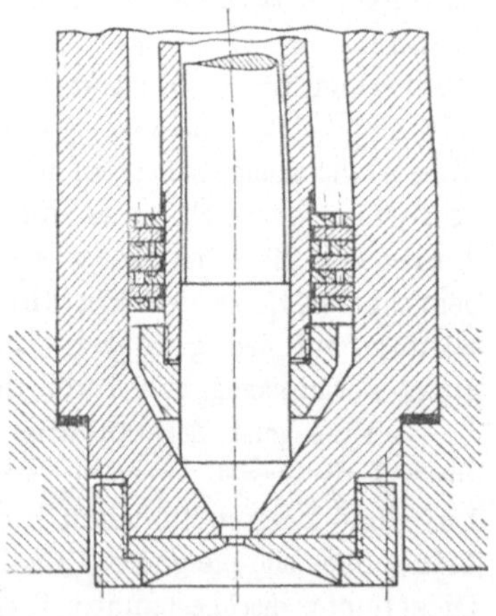

Fig. 19.

gelangt von hier durch die Plattenöffnungen hindurch auf die darunter liegende Platte, event. auf die 3., 4. usw. Da sich dieser Vorgang innerhalb eines ganz bestimmten Zeitraumes abspielt, hängt die Verteilung des Brennstoffes auf die Platten von dem Abstand derselben, von ihrem Durchmesser und von der Zahl und dem Durchmesser der Löcher ab. Läuft z. B. eine Maschine rascher, so muß auch der Brennstoff rascher auf die unterste Platte gelangen können, folglich müssen die Platten näher aneinander gerückt werden, oder es ist eine (2., 3. usw.) Platte weniger einzubauen. Bei dickflüssigen Brennstoffen muß der Lochdurchmesser größer gewählt werden, als bei dünnflüssigen Brennstoffen. Sowohl die Anzahl, der Abstand und der Durchmesser der Platten, als auch die Zahl und der Durchmesser der Plattenlöcher können nur durch Versuche festgestellt werden und bleiben für gleiche Typen unveränderlich.

Die Erfahrung hat gezeigt, daß zur Einleitung der Zündung am unteren Ende des Nadelventils eine geringe Menge Brennstoff vorhanden sein muß, die beim Öffnen des Ventils sofort in den Verbrennungsraum gelangt und in dieser Weise die Einleitung der Verbrennung und einen Übergang zur weiteren Verbrennung sichert. Diese Vorlagerung von Bronnstoff tritt unter normalen Verhältnissen von selbst ein. Von der vorangehenden Einspritzung bleibt nämlich ein geringer Teil des Brennstoffes auf den Platten zurück und fließt der Ventilmündung zu. Bei schwer entzündlichen Brennstoffen (Teeröle) ist diese Einleitung der Zündung unerläßlich, da hier der Brennstoff nicht einfach durch Vergasung, sondern durch Zersetzung in einen solchen Zustand gebracht werden muß, daß eine vollkommen rauchfreie Verbrennung ohne Rückstand vor sich gehen kann. Zur Zersetzung des Brennstoffes muß eine hohe Temperatur vorhanden sein,

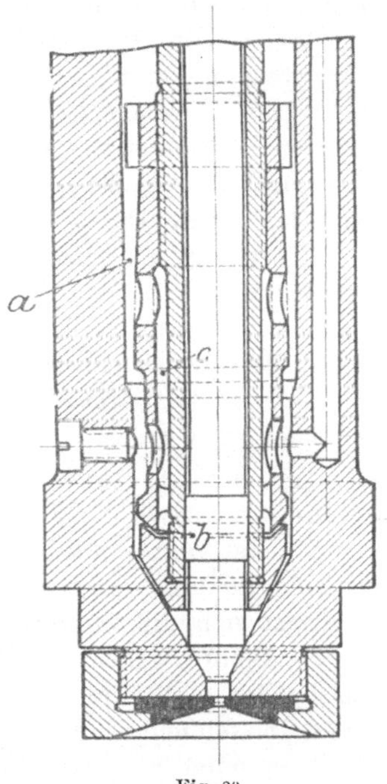

Fig. 20.

wozu die Kompressionsendtemperatur event. nicht ausreicht; in solchem Fall ist diese durch vor eingespritztes, leichtentzündliches Öl (Zündöl) zu erhöhen. Dieses Zündöl wird durch eine gesondert angetriebene Zündölpumpe geliefert.

Aus dem Gesagten folgt, daß das Plattensystem sich nicht selbsttätig den Betriebsverhältnissen (Umdrehung, Brennstoff) anpassen kann, es bietet aber für die Mischung des Brennstoffes mit Luft eine große Oberfläche.

Ein anderes System, und zwar das Injektorsystem, zeigt Fig. 20. Hier gelangt der Brennstoff in den Raum (c) zwischen einer Zerstäuberglocke und einer Hülse. Öffnet sich das Ventil, so entsteht im Raum zwischen Gehäuse und Glocke (a) ein Unterdruck, da die Luft hier mit hoher Geschwindigkeit strömt. Zufolge dieses Unterdruckes muß aus dem Raume (c) Brennstoff durch den Ringspalt (b) strömen, und wird er durch die im Raum (c) nachströmende Luft an der Spitze (d) in gröberen Teilen auf die Luft verteilt. Das Gemisch strömt zur Düsenöffnung, wo die endgültige Zerstäubung stattfindet.

Bei diesem System kann man durch Veränderung der Öffnung (b) die Betriebsverhältnisse berücksichtigen, rascher, als bei den Platten; das Vermischen des Brennstoffes mit Luft erfolgt aber nicht so innig, wie beim Plattensystem, weil die Luft nur auf einer kleineren Oberfläche mit Öl in Berührung kommt.

Bei beiden Systemen findet bei der Mischung zugleich eine Art von Vorzerstäubung statt, denn der Brennstoff wird in größere Teile gerissen in die Luft eingelagert. Die eigentliche Zerstäubung, also die Erzeugung des Brennstoffschleiers geschieht in der Mündung, wo die Mischung mit einer durch den großen Druckunterschied erzeugten hohen Geschwindigkeit durch das kleine Düsenloch gezwängt wird.

Kurz zusammengefaßt: um den Brennstoff zur Verbrennung vorzubereiten, muß

1. eine gute Verteilung des Brennstoffes in der Einblaseluft,
2. eine Zerstäubung des Brennstoffes,
3. eine Einleitung der Zündung

herbeigeführt werden.

58. Aus welchem Grunde brennt der Brennstoffventilsitz ab und was sind die Folgen dieses Übelstandes?

1. Hat man die Ventilstopfbüchse stark angezogen, so daß hierdurch die Nadel zu spät, eventuell überhaupt nicht schließt, also hängen bleibt, so pflanzt sich die Verbrennung rückwärts bis zum Sitz fort und umringt hier die Dichtungsfläche der Nadel, die im normalen Falle durch die Abkühlung des vorbeiströmenden Luft-Ölgemisches vor Verbrennung geschützt wird. In solchen Fällen kann eine Temperatur eintreten, bei welcher das Eisen schmilzt. Tritt diese Erscheinung einmal auf, so verläuft ihre Wirkung sehr rasch, und ist erst ein Teil des Ventils abgebrannt, so steigert sich diese Verbrennung in hohem Maße, zumal nun eine Dichtung infolge des Abbrandes der Dichtungsfläche nicht mehr besteht.

2. Dieselben Folgen zieht der Umstand nach sich, wenn die Ventilfeder nicht in genügendem Maße angezogen ist.

3. Wenn sich die Ventilspindel in der Führung nur schwer bewegt, so kann mit Rücksicht darauf, daß sich die einzelnen Bestandteile während des Betriebes durch die Wärme ausdehnen, die Nadel ebenfalls hängen bleiben. In solchen Fällen ist die Nadel in der Führung mittels Schmirgelpulvers einzuschleifen, bis sie sich leicht bewegt. Nach diesem Einschleifen muß für eine gründliche Entfernung des Pulvers gesorgt werden, was durch Ausblasen mit Luft geschieht.

4. Das Ventil dichtet auch dann nicht ab, wenn sich auf der Sitzfläche Koksteile festgebrannt haben.

5. Ist die Wirkung der Zylinderdeckelkühlung durch abgelagerten Kesselstein vermindert, so erwärmt sich der Deckel und damit auch das Ventil übermäßig. Falls das Kühlwasser auch das Ventil selbst umspült, so kann eine weitere Erwärmung des Ventiles noch durch eine Wassersteinablagerung auf dem Ventilkörper selbst verursacht werden. — Diese Erwärmung des Gehäuses kann der Brennstoff schon zur Verdampfung und Verbrennung bringen, wobei sich dann auf den Dichtungsflächen eine Kruste bildet, die die Dichtung aufheben und zur Verbrennung des Nadelventils samt Sitz führen kann.

In allen diesen Fällen erwärmt sich das Brennstoffventilgehäuse übermäßig stark. Wird diese Erscheinung wahrgenommen, so ist das Ventil sofort auszubauen, die Ursache der Undichtigkeit festzustellen und zu beseitigen. In den angeführten Fällen kann nicht nur die Dichtungsfläche beschädigt und der untere Teil der Spindel bei der Dichtungsfläche verbrannt werden, sondern auch die ganze Zerstäubereinrichtung, ja sogar das Gehäuseunterteil samt Linse und Überwurfmutter als eine geschmolzene Masse zurückbleiben.

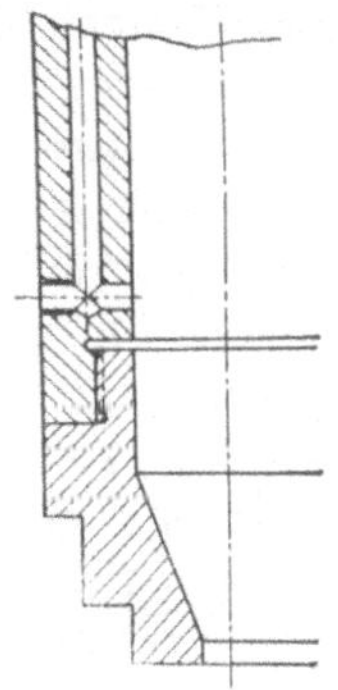

Fig. 21.

Ist dieser Fall eingetreten, so kann man — da ein Reservegehäuse oft nicht vorhanden ist — den beschädigten Teil abdrehen und diesen nach Fig. 21 ersetzen.

Ist das Ventil aus irgend einem Grunde undicht, so strömt bei der Verdichtung heiße verdichtete Luft aus dem Zylinder in das Gehäuse, kann die dort befindliche Brennstoffmenge zu einer raschen Verdampfung und das in dieser Weise gebildete Gemisch zur Entzündung und zur Verbrennung bringen, die bei einer genügenden Menge von Brennstoff explosionsartig verlaufen und das Gehäuse, ja sogar — je nach der Heftigkeit der Explosion — auch den Zylinderdeckel zerstören kann.

Infolge der Undichtigkeit des Ventils wird auch viel Luft aus dem Einblasegefäß verbraucht, da in solchen Fällen eine Luftentnahme nicht nur während der Zerstäubung erfolgt. Aus diesem Grunde sinkt der Druck im Gefäß, woran die Undichtigkeit des Ventils auch sofort zu erkennen ist. Es kann selbst vorkommen, daß der Luftdruck im Einblasegefäß unter den Kompressionsdruck fällt.

Tritt dieser Fall ein, so strömen die heißen Verbrennungsgase und die hochverdichtete Luft dem Einblasegefäß zu; treffen dieselben unterwegs im Rohr oder im Gefäß mit brennbaren Ablagerungen zusammen, so kann es zu einer Explosion kommen, die das Rohr oder den Einblasekopf oder beide zusammen zerreißt.

59. Welchen Einfluß hat die Zerstäuberluft auf die Verbrennung?

Je weiter das Düsenloch und je größer der Ventilhub ist (bis zu einer gewissen Grenze) und schließlich je größer der Druckunterschied zwischen Einblaseluft und verdichteter Luft im Verbrennungsraum ist, um so mehr Luft strömt in den letzteren. Diese Faktoren können und sollen richtig bestimmt werden; ein Maß hierfür ist die gute Zerstäubung, d. h. eine rasche und stoßfreie Verbrennung.

Prinzipiell soll eine Zerstäubereinrichtung so eingerichtet sein, daß

1. keine Luft allein beim Öffnen des Ventils in den Verbrennungsraum strömt, da die durch die Ausdehnung hervorgerufene Abkühlung eine Verspätung der Einleitung der Zündung verursacht und daß

2. auch dann, wenn die Einspritzung beendet, d. h. die notwendige Brennstoffmenge eingeführt ist, keine Luft in den Verbrennungsraum strömt, weil sonst kein Brennstoff zur Einleitung der nächsten Zündung zurückbleibt. Die Maschine arbeitet dann stoßweise und gleichzeitig wird durch Vergeudung von Luft der Kraftverbrauch der Pumpe erhöht und der Betriebswirkungsgrad der Maschine herabgesetzt.

Man ist bestrebt, diese Prinzipien bei den neueren Konstruktionen durchzuführen. Die üblichen Konstruktionen weisen den einen oder den anderen der erwähnten Mängel, event. beide auf. Besonders bei kleineren Belastungen machen sich diese Übelstände unangenehm bemerkbar, doch lassen sie sich dadurch vermindern, daß die Zerstäubungsluftmenge durch Änderung des Einspritzluftdruckes der Belastung entsprechend geändert wird.

Auch kann man die Luftmenge durch Änderung des Ventilhubes ändern. Durch Änderung des Hubes und gleichzeitig der angesaugten Einspritzluftmenge ist man in der Lage, bei verschiedenen Belastungen mit annähernd gleich hohem Einblasedruck zu arbeiten.

Die Größe des Linsendurchmessers muß durch praktische Versuche festgestellt werden. Nachstehende Zahlentabelle enthält annähernde Angaben des Düsenlochdurchmessers für stabile langsam laufende Maschinen.

Tabelle der Düsenlochdurchmesser.

Pferdestärke pro Zylinder	Durchmesser
12	1,9 mm
16	2,3 „
20	2,6 „
25	2,8 „
30	2,9 „
40	3,2 „
50	3,4 „
60	3,7 „
70	4,0 „
80	4,2 „
100	4,6 „
125	4,9 „

Ist das Düsenloch **zu groß**, so geht viel Luft unnütz verloren und kann ein gleichmäßiger Betrieb zumal bei schwächerer Belastung nicht aufrecht erhalten werden; ist aber das Düsenloch zu klein, so muß ein hoher Einblasedruck angewendet werden, um während der zur Verfügung stehenden Zeit die genügende Brennstoffmenge zur Zerstäubung zu bringen. In solchen Fällen geht die Verbrennung explosionsartig vor sich.

Während des Betriebes kann sich das Düsenloch durch Verkokung (Ablagerungen nicht vollkommen verbrannten Brennstoffes) verkleinern.

Diese Krusten können sich so fest brennen, daß das Düsenloch mittels eines entsprechenden Bohrers nachgebohrt werden muß. Auch kann sich das Loch durch Verbrennung der Linsenöffnung vergrößern, in welchem Falle die Linse ausgewechselt werden muß. Für diese Erscheinungen ist der Einblasedruck entscheidend und zwar der Druck, bei welchem noch eine rauchfreie Verbrennung stattfinden kann. Muß der Einblasedruck erheblich erhöht werden, um eine rauchfreie Verbrennung zu erzielen, so hat sich das Loch verkleinert, vorausgesetzt, daß die Einspritzdauer unverändert geblieben ist. Kann man den Einblasedruck erheblich vermindern, so hat sich die Düsenöffnung vergrößert, wieder Unveränderung der Einblasedauer vorausgesetzt.

Wie bereits erwähnt, muß bei den heute allgemein üblichen Konstruktionen mit der Belastung auch der Einblasedruck geändert werden. Beim Leerlauf ist ein Druck von 38—42 Atm. (je nach Höhe der Kompression), bei Vollbelastung 58—62 Atm., bei Überlastung 68—72 Atm. anzuwenden. Bei schwer entzündlichen Brennstoffen muß ein noch höherer Druck, und zwar von 70—75 Atm. verwendet werden; bei schnellaufenden Maschinen ist der Druck sogar auf 90—95 Atm. zu erhöhen.

60. Aus welchen Gründen kann eine Explosion im Brennstoffventilgehäuse eintreten und wie wird dieselbe vermieden?

Auf diese Frage wurde bereits im Punkt 58 hingewiesen und es wurde gezeigt, daß die Undichtigkeit und ein Hängenbleiben der Nadel zu Gehäuseexplosionen führen.

Das Hängenbleiben des Ventils kann daran erkannt werden, daß beim Saugstutzen ein Zischen wahrnehmbar wird, und zwar aus dem Grunde, weil beim Saugen ein Überdruck herrscht. In solchen Fällen wird die Stoffbüchsenverschraubung gelöst, Schmieröl eingegossen und nötigenfalls auch die Feder angezogen.

Hilft dies alles nicht, so muß die Maschine abgestellt und das Brennstoffventil auseinander genommen werden, um die Dichtung an den Ventilflächen wieder herzustellen.

61. Woran erkennt man, daß die Zerstäuberplatten oder der Nutenkonus verstopft sind?

Das Verstopfen der Zerstäuberplatten und des Nutenkonusses wird durch eine Verbrennung im Düsengehäuse selbst verursacht und kann nur dann in Erscheinung treten, wenn sich durch ein Hängenbleiben des Ventils oder eine Undichtigkeit der Verbrennung in den Mischungsraum hinaufgezogen hat.

In solchen Fällen erhöht sich der Druck in der Einblaseflasche, ohne daß etwas am Drosselventil des Verdichters geändert worden wäre. Der Grund liegt darin, daß durch das Verstopfen die Luftdurchlässe verkleinert werden und hierdurch die Zerstäuberluftentnahme verringert wird. Eine Begleiterscheinung dieser Fälle ist das Rauchen der Maschine, weshalb die Leistung nicht erreicht werden kann.

62. Wie geht man vor, wenn das Brennstoffventilgehäuse schwer auszubauen ist? Was sind die Folgen einer gewaltsamen Herausnahme?

Das Brennstoffventilgehäuse wird bei manchen Anordnungen in einen geschlossenen Kanal. des Zylinderdeckels eingebaut, so daß das Kühlwasser nicht mit dem Ventil selbst in Berührung kommt. In solchen Fällen kann das Gehäuse leicht ausgebaut werden.

Es gibt aber auch Konstruktionen, bei denen das Gehäuse frei im Deckelkühlraum liegt und somit das Wasser unmittelbar das Ventil umspült. In solchen Fällen findet eine Ablagerung von Wasserstein am Gehäuse statt, wodurch der Ausbau sehr erschwert wird. In solchem Falle ist der Ausbau so vorzunehmen, wie dies für das Auspuffventil beschrieben wurde: man führt nämlich durch die Öffnung des Saugventils am Deckel ein entsprechend hohes Eisenstück ein, legt dieses auf den Kolben unter das Ventil und drückt durch den Kolben mittels der Schwungraddrehvorrichtung das Ventilgehäuse heraus. Sollte dies nicht gelingen, so muß der Deckel abgebaut und das Gehäuse vorsichtig herausgepreßt werden.

Das Ventil darf keinesfalls mittels einer zwischen Gehäuseflansch und Zylinderdeckel gesteckten Brechstange gewaltsam ausgebaut werden, da bei diesem Versuch das Gehäuse entzwei gerissen werden kann.

63. Was ist die Ursache, wenn der Druck im Einblasegefäß fällt?

Diese Frage wurde bereits im Punkt 58 behandelt, wo auch die Folgen dieses Übelstandes erörtert wurden. Die in Betracht kommenden Ursachen sind: das Hängenbleiben der Nadel und die Undichtigkeit des Ventils.

64. Was sind die Ursachen der Explosion des Einblaserohres?

Zu einer Explosion muß eine hohe Temperatur und ein explosibles Gemisch vorhanden sein. Eine hohe Temperatur wird in den Leitungen durch Einströmung von verdichteter Luft oder Verbrennungsgasen, also durch Undichtigkeit oder Hängenbleiben der Nadel herbeigeführt. Das explosible Gemisch kann einmal durch eine überreichliche Schmierung des Verdichters oder durch mangelhafte Entölung der verdichteten Luft entstehen, wobei durch die hohe Temperatur eine Vergasung des mitgerissenen Öls herbeigeführt wird. Luft zur Gemischbildung ist ja zur Genüge vorhanden. Es kann aber auch Brennstoff bei übermäßigem Vorpumpen in die Einblaseleitung gelangen; es kann sogar die Rückströmung eines Gemisches von verdampftem Brennstoff und Luft in die Rohrleitung erfolgen. Der hohe Luftdruck fördert noch die Explosion.

Bei Brennstoffventilen, bei denen das Ventil und teilweise auch der Steuerhebel in einem geschlossenen Gehäuse untergebracht sind (Bauart Sulzer), ist es nicht möglich, die Bewegung des Ventiles zu verfolgen, es kann also ein Hängenbleiben nicht rechtzeitig bemerkt werden, wodurch bei solchen Ventilen leicht eine unerwartete Explosion stattfindet, wobei das Gehäuseoberteil, vielleicht auch der Deckel in Stücke gerissen werden kann, wobei die Nadeln herausfliegen. Da die Einblaseleitung für alle Zylinder gemeinsam ist, können event. sämtliche Nadeln herausgeschleudert werden, wenn sich der hohe Druck nicht inzwischen durch freigewordene Öffnungen (Sicherheitsventile) verringert hat.

65. Worauf läßt eine abnormale Erwärmung des Gehäuses schließen?

Die Ursachen dieses Übelstandes sind die folgenden:

a. Das Ventil bleibt hängen oder wird undicht, wodurch heiße Luft und Verbrennungsgase in das Ventilinnere strömen und hier eventuell eine Verbrennung herbeiführen. (Siehe auch Punkt 58.)

b. Die Luft hat sich im Einblasegefäß stark erwärmt und es strömt heiße Einblaseluft zum Brennstoffventil, wo sie alsdann Verbrennungen hervorruft.

c. Der Zylinderdeckel ist gesprungen, so daß die heißen Gase zwischen Brennstoffgehäuserohr und Ventilkörper einströmen können.

d. Die Deckel- oder Gehäusekühlung hat sich verschlechtert. Da ein Ausbleiben des Kühlwassers nie eintreten darf, kann nur Wasserstein oder eine unrichtige Leitung des Wassers im Deckel die Ursache dieses Übelstandes bilden. Bei neueren Deckelkühlungen strebt man danach, daß die ganze Wassermenge das Brennstoffgehäuse umspült, um dieses in kaltem Zustande zu erhalten.

66. Welche Gesichtspunkte sind bei der Montage des Brennstoffventils zu berücksichtigen?

Die Ventilspindel muß zentrisch liegen und sich zentrisch bewegen, d. h. die Flanschenschrauben müssen derart angezogen werden, daß die Nadel durch ihr eigenes Gewicht hineinfällt.

Beim Zusammensetzen des Ventils muß man auf die peinlichste Reinlichkeit bedacht sein. Soll die Nadel ausgebaut werden, so muß der Druck im Gehäuse beseitigt sein, sonst kann die Spindel herausfliegen. Zu diesem Zwecke hängt man den Entlüftungshebel ein und bringt den Schalthebel des Brennstoffventils in die Anlaßstellung. Man legt ein Holzstück zwischen Brennstoffventil-Hebelrolle und Nockenscheibe und bringt den Schalthebel in die Betriebsstellung. Das Brennstoffventil öffnet sich und die Luft strömt durch den Zylinder, bzw. durch das Saugventil ins Freie.

Wichtig ist es noch, den Umstand zu prüfen, ob das Ventilgehäuse auf seinem Sitz im Deckel richtig aufliegt. Zu diesem Zwecke reinigt man die Sitze und versieht sie mit einer ganz schwachen Ölhaut. Nun läßt man das Gehäuse auf seinem Sitz aufliegen und prüft bei der Herausnahme, ob der Sitz am Gehäuse mit Öl überzogen ist. Wenn dies nicht der Fall ist, so ist der Sitz von Neuem sorgfältig mit einem Schaber abzuschaben.

67. Wie erfolgt das Einschleifen des Ventils?

Zum Einschleifen wird eine Mischung von Öl und feinem Karborundumschleifpulver (oder fertige Schleifmassen) verwendet. Mit dieser Mischung wird der Sitz eingeschmiert und die Spindel so lange gedreht, bis der Sitz einen matten Glanz annimmt. Es ist aber empfehlenswert, die Sitzflächen vor der Vornahme des Einschleifens gründlich zu reinigen, da sonst keine vollkommene Dichtung zu erzielen ist.

Von der Richtigkeit des Einschleifens überzeugt man sich derart, daß man den Entlüftungshebel außer Tätigkeit, den Ausschalthebel des Brennstoffventils in die Mittelstellung bringt und Einblaseluft in das Ventil strömen läßt. Hört man nach Öffnen des Indikatorhahnes ein Zischen, so ist das Brennstoffventil undicht.

68. Woran erkennt man, daß die Ventilfeder gebrochen ist und was sind die Folgen des Bruches?

Wenn die Feder gebrochen ist, so kann das Ventil nicht schließen, was sich dadurch bemerkbar macht, daß ein dumpfer Schlag hörbar ist, der daher rührt, daß auch während der Saugperiode Einblaseluft ausströmt. Die Folgen sind dieselben, als wenn die Nadel hängen bleibt.

69. Was ist beim Abdichten des Brennstoffventils zu beachten?

Wird die Spindel durch eine Schnurpackung abgedichtet, so muß man in erster Linie darauf bedacht sein, daß der untere Grundring der Stopfbüchse gut aufsitzt, was man bei einer konischen Sitzfläche durch Aufschleifen, bei flachen Sitzflächen aber durch Unterlegen einer sehr dünnen Asbestscheibe erreicht. Nun legt man die Dichtungsschnur ein und zieht die Stopfbüchsenverschraubung kräftig an, damit die Schnur den ganzen Raum gut ausfüllt. Dann schraubt man die Verschraubung samt dem oberen Druckring aus, um das Gewinde von etwaigen Schnurabfällen zu reinigen, damit sich die Verschraubung beim Einsetzen leicht anziehen läßt. Nun wird sie endgültig eingeschraubt, wobei man sich von dem leichten Gang überzeugt und zwar so, daß sich trotz festen Anzuges die Spindel leicht bewegen läßt.

Statt Schnurdichtungen werden auch Blei- oder Weißmetallspänendichtungen angewendet, die man in den Dichtungsraum so stark einpressen oder klopfen muß, daß der ganze Raum gut ausgefüllt ist. Bei der Herstellung einer solchen Dichtung steckt man einen Bolzen, der um

0,05 mm stärker als die Nadel ist, durch die Bohrung. Dann wird der Dichtungsraum mit Metallspänen vollgestopft und diese werden mittels eines Druckkolbens zusammengepreßt oder mit einem entsprechenden Druckstück und Holzhammer zusammengeklopft, bis der Stoffbüchsenraum bis oben mit einer gleichmäßig dichten Metallpackung angefüllt ist. Setzt man nun die Nadel an Stelle des Bolzens ein, so muß sie sich leicht bewegen lassen, sonst muß sie noch so lange eingeschliffen werden, bis ein spielend leichter Gang vorhanden ist. Es sei bemerkt, daß bei Metalldichtungen die Nadel weniger abgenützt wird und daher eine längere Lebensdauer besitzt, als bei Schnurpackung. Auch genau auf Maß hergestellte Dichtungsringe aus Weichmetall oder mit Weichmetalleinlagen ergeben gute Packungen.

Ist die Packung in Ordnung, so schleift man das Ventil trocken auf seinen Sitz ein.

Ein Außerachtlassen der sorgfältigen Herstellung der Stoffbüchsenpackung kann zu schweren Betriebsstörungen führen. Die Ventilspindel bleibt hängen, das Ventil wird verbrannt, event. explodiert das Gehäuse. Auch kann ein Brennstoffverlust eintreten, der natürlich auch nicht erwünscht ist.

Der unbrauchbare Zustand einer Schnurpackung wird durch ihr Erhärten angezeigt. Erhärtet das Material in der Weise, daß durch Anziehen der Verschraubung die Undichtigkeit nicht verschwindet, so muß die Packung erneuert werden.

Für die Sitzflächen-Dichtung des Gehäuses gilt dasselbe, was für die Saug- und Auspuffventile angeführt wurde. Bei frei im Deckel liegenden Ventilen, die also direkt vom Wasser umspült werden, muß auf eine gute Dichtfläche ganz besonders geachtet werden, da sonst Wasser in den Zylinder eindringt, was durchaus unzulässig ist. Bei derartiger Ventilanordnung muß auch nach außen abgedichtet werden, andernfalls Wasser auf den Deckel ausfließt. Es empfiehlt sich, bei einer solchen Doppelpackung unter höchstem Druck durch den Deckel durchströmen zu lassen und sich von der guten Abdichtung zu überzeugen.

70. Wie ist die Ventilfeder anzuziehen, damit das Ventil richtig auf seinem Sitz aufliegt?

Ist die Feder zu schwach angezogen, so bleibt die Nadel hängen, ist sie dagegen zu stark angezogen, so schlägt sie mit solcher Wucht auf den Sitz, daß ein rascher Verschleiß desselben eintritt. Außerdem werden die Hebelbolzen und die Rolle unzulässig hoch beansprucht und nützen sich schnell ab. Ein Nachziehen der Feder muß aber gelegentlich vorgenommen werden, weil sie mit der Zeit erschlafft. Das Nachziehen muß langsam und vorsichtig vorgenommen werden, wobei der leichte Gang der Nadel stets zu prüfen ist, denn zieht man die Feder plötzlich und zu stark an, so treten sofort alle, oft erwähnten Übelstände auf. Ist keine Schraube zum Nachziehen vorhanden, so ist unter die Feder eine

Scheibe unterzulegen, deren Stärke durch Zulegung dünner Scheibchen auszuprobieren ist.

71. **Wenn bei Mehrzylindermotoren an einem der Brennstoffventile eine Unregelmäßigkeit vorliegt, welchen Einfluß hat dies auf die anderen Brennstoffventile?**

Mehrere Brennstoffventile besitzen stets eine gemeinsame Einblaseleitung. Es ist einleuchtend, daß, wenn ein Ventil hängen bleibt und sich die Verbrennung im Gehäuse fortpflanzt, die erzeugte hohe Temperatur auch auf die, an dieselbe Leitung angeschlossenen Ventile übergreifen kann. Das Gleiche ist natürlich hinsichtlich der Druckerhöhung bei einer Explosion der Fall und hierdurch ist es zu erklären, daß bei Mehrzylindermaschinen eine Explosion gleichzeitig bei mehreren Ventilen auftreten kann.

Auf das gute Arbeiten des Brennstoffventils muß besonders Gewicht gelegt werden; sonst können die größten und gefährlichsten Betriebsstörungen vorkommen. Auch wächst bei schon kleineren Unregelmäßigkeiten der Brennstoffverbrauch rasch an.

72. **Wie geht man vor, wenn ein neuer Brennstoff für den Betrieb zur Verwendung kommen soll?**

Für die Wirtschaftlichkeit der Maschine sowohl, wie auch für ihre Lebensdauer ist die Erzielung einer rauchfreien Verbrennung die wichtigste Voraussetzung und diese wiederum ist abhängig von einer guten Zerstäubung. Für diese ist die Höhe des Einblaseluftdruckes maßgebend, der so zu bemessen ist, daß die rauch- und stoßfreie Verbrennung erreicht wird. Wird ein neuer Brennstoff verwendet, so versucht man bei Vollast naturgemäß zuerst mit dem für diese Belastung normalen Einblasedruck. Raucht dabei die Maschine noch (wie es z. B. bei dickflüssigeren Ölen der Fall ist), so muß der Einblasedruck erhöht werden; dies deutet dann darauf hin, daß der Widerstand zu groß ist. Will man den Einblasedruck wieder auf die normale Höhe bringen, so nimmt man eine Vergrößerung der Linse vor und zwar beginnt man mit einer Vergrößerung von 0,2 mm und setzt dies so lange fort, bis man bei normalem Einblasedruck eine rauchfreie Verbrennung erzielt. Es ist auch nicht ausgeschlossen, daß hierbei der Widerstand des Zerstäubers verringert werden muß.

Wird ein Brennstoff verwendet, bei welchem ein ruhiger, gleichmäßiger und rauchfreier Gang nur durch Verminderung des Einblasedruckes erreichbar ist, so muß zunächst das Düsenloch verkleinert, event. der Zerstäuberwiderstand vergrößert werden.

Ist aber mit einem Brennstoff trotz verschiedener Änderungen an der Zerstäubung kein ruhiger, gleichmäßiger und rauchfreier Betrieb erreichbar, so muß eben von diesem Brennstoff, als von einem in der Dieselmaschine mit der vorhandenen Einrichtung nicht verwendbaren Treibmittel, Abstand genommen werden. In solchem Falle wende man sich an die Maschinenlieferantin um Vorschläge.

Hat man einen Indikator zur Verfügung, so kann man an dem aufgenommenen Indikatordiagramm die Änderung des Zerstäubungswiderstandes verfolgen.

Für das in der Praxis zumeist angewendete sogenannte Gasöl gelten folgende durchschnittliche Daten:

Spez. Gewicht 0,89

Viskosität bei 20° C. 3° Engler

Flammpunkt 128° C.

Gefrierpunkt — 1° C.

Heizwert 10000—10300 cal./kg.

XI. Regulator.

73. **Welche Ursachen rufen das träge Regulieren des Reglers hervor? Wie kann man hier Abhilfe schaffen?**

Die Ursache des trägen Regulierens sind folgende:

1. Die Drehzapfen haben Verschleiß erlitten, oder die Zapfenbohrungen sind ausgeschlagen.

In solchen Fällen muß man die Bohrungen mittels einer Reibahle nachregulieren und in die erweiterten Löcher entsprechend stärkere Zapfen einsetzen.

2. Die modernen Regulatoren sind in einem geschlossenen Gehäuse angeordnet und geschieht die Schmierung der einzelnen Teile derselben in der Weise, daß man das Gehäuse bis zu einer bestimmten Höhe mit Schmieröl füllt; wird zu viel Öl eingefüllt oder ist das Öl dickflüssig bzw. dickflüssig geworden, so werden die Gelenke in ihren Bewegungen gehemmt.

Diese Betriebsstörung kann durch Anwendung von Öl in entsprechender Menge und Güte vermieden werden.

3. Die Regulatortrommel ist auf der Steuerwelle aufgekeilt; der Keil kann sich lockern bzw. die Nute sich erweitern, wodurch die Schwankungen der Umlaufszahl auf die Trommel und auf den Regulator selbst falsch übertragen werden.

In solchen Fällen muß die Welle ausgebaut, die Keilnute entsprechend nachreguliert und ein neuer Keil eingesetzt werden.

4. Die Regulierung wird durch die Regulierwelle, die zwischen Regulator und Brennstoffpumpe eingeschaltet ist, weitergeleitet. Diese Welle wird bei solchen Mehrzylindermotoren, bei denen für jeden Zylinder eine Pumpe angeordnet ist, durch kleine Lager gehalten, die an den einzelnen Ständern befestigt sind. Liegen diese Lager nicht in einer Linie, oder frißt die Welle wegen mangelhafter, d. h. nicht mindestens einmal pro Tag vorgenommener Schmierung an, oder rostet sie bei längerem Stillstande ein, so hat der Regulator eine erhebliche Mehrarbeit zu verrichten und wird abgebremst.

Auf die Instandhaltung der Regulierwelle und der Lagerung muß man sein besonderes Augenmerk richten und sind eventuelle Fehler sofort zu beheben.

5. Es kann der Fall eintreten, daß der Widerstand bei der Regulierung, d. h. bei der Bewegung des Reglers zu klein ist, so daß der Regulator eine präzise Regelung nicht ausführen kann. In solchen Fällen muß der Widerstand erhöht werden, wozu eine Öl- oder Luftbremse angewendet wird, die gestattet, den Widerstand dem Bedarf entsprechend einzustellen.

Eine derartige Ölbremse besteht aus einem mit Öl gefüllten Zylinder, in dem sich ein mit dem Regler verbundener Kolben bewegt. Die beiden Räume ober- und unterhalb des Kolbens sind durch eine Bohrung miteinander verbunden, deren Querschnitt mittels einer Schraube geändert werden kann. Je kleiner der Querschnitt eingestellt wird, um so größer ist der Widerstand gegen den Durchfluß der Flüssigkeit von der einen Seite nach der anderen; durch eine falsche Einstellung der Regulierschraube kann sich der Widerstand leicht zu sehr vergrößern, was ein träges Arbeiten des Reglers nach sich zieht.

74. Aus welchem Grunde tanzt der Regulator? Wie wird diesem Übelstande abgeholfen?

Es ist zu bemerken, daß ein geringes Tanzen des Reglers nicht schädlich ist, sondern nur der Regulierung zum Vorteil gereicht; befindet sich nämlich die Regulatorhülse in leicht pendelnder Bewegung, so kann sie bei einer Verstellung die neue Lage rascher einnehmen, weil der Reibungswiderstand zwischen bewegten Teilen geringer ist, als bei ruhenden.

Ein stärkeres Tanzen ist aber von schädlichem Einfluß auf den gleichmäßigen Gang der Maschine, da dabei die Füllung der Brennstoffpumpe ohne notwendige äußere Einwirkung geändert wird. Der Regler kann aus folgenden Gründen tanzen:

1. Verschleiß oder Bruch der Schraubenräderzähne.

2. Zu niedriger Kompressionsenddruck, zu hoher Einblasedruck oder zu weites Düsenloch. Der Kompressionsenddruck kann aus dem Grunde abnehmen, weil dichtende Teile der Maschine undicht geworden sind, z. B. der Kolben wegen Abnützung des Einsatzzylinders. Infolge des geringeren Gegendruckes im Verbrennungsraum strömt bei normaler Höhe des Einblasedruckes zu viel Luft in den Zylinder, die eine zu große Brennstoffmenge mitreißt, so daß bei diesem Krafthub mehr Arbeit geleistet wird, als Widerstand vorhanden ist, die Umlaufszahl sich also erhöhen will; infolgedessen vermindert der Regler die Füllung und die Maschine erhält darauffolgend eine zu kleine Füllung, die die Umlaufszahl sinken, den Regler also wieder die Füllung verändern läßt Dies wiederholt sich und hat so ein Tanzen des Reglers im Gefolge. Dasselbe ist der Fall, wenn der Einblasedruck für die Belastung zu hoch ist. In diesen beiden Fällen kann das Tanzen dadurch beseitigt werden, daß man den Einblasedruck entsprechend verringert. Etwas anders verhält es sich, wenn der Düsendurchmesser zu groß ist. Da in diesem Falle der Widerstand der Düse verringert ist, strömt zuviel Brennstoff schon während der Vorzündung

in den Zylinder ein; zur Abhilfe muß alsdann die Vorzündung verkleinert werden, wenn man nicht zu einer kleineren Düse greifen will. Eine Verringerung des Einblasedruckes ist in solchem Falle nicht statthaft, weil sich der Gegendruck in bezug auf den Einblasedruck nicht verringert hat (das Gegenteil führt sogar die frühere Zündung herbei), so daß eine Ermäßigung des Einblaseluftdruckes einer Verschlechterung der Zerstäubung und damit das Rauchen der Maschine herbeiführen würde.

75. Welchen Einfluß hat eine Längenänderung der zwischen Reglerhülse und Reglerwelle eingeschalteten Hebel?

Je nach der Anordnung der Hebel kann der Regler durch eine Vergrößerung oder Verkleinerung der Hebellängen bei Leistungsänderungen langsamer oder rascher die neue Gleichgewichtslage annehmen, jedenfalls aber erst nach vielen Pendelungen. Die unrichtige, ohne Überlegung veränderte Hebellänge kann bei Entlastung eine lange Pendelung event. sogar ein Durchlaufen der Maschine hervorrufen.

Es ist nicht ratsam, an den Hebellängen ohne vorherige Anfrage bei der Maschinenlieferantin eine Änderung vorzunehmen.

76. Ist es zulässig, an den Verbindungsstangen beim Regulator oder bei der Brennstoffpumpe die Flaschenmutter zwecks Längenänderung dieser Stangen zu verschrauben? (Fig. 22.)

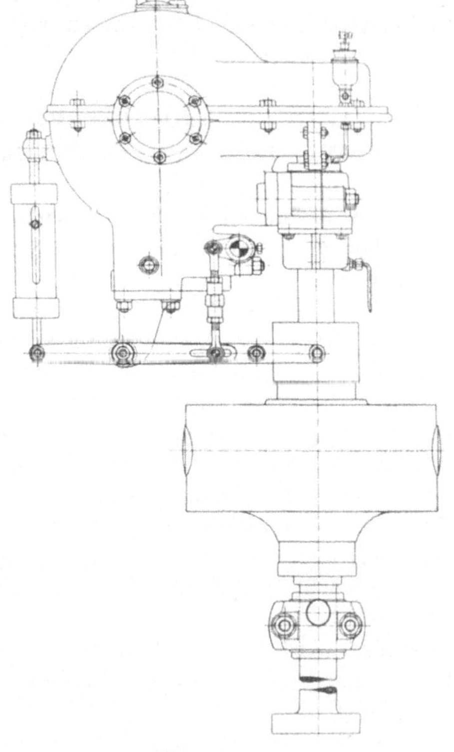

Fig. 22.

Das Schrauben an den Flaschenmuttern bewirkt eine Veränderung der Füllung, und zwar je nach der Hebelanordnung eine Verringerung oder Vergrößerung der Leistung durch Veränderung des Spaltes zwischen dem Brennstoff-, Saugventil und dem Regulierhebel. Durch eine falsche Änderung kann die ganze Betriebslage umgeworfen werden.

Auch hier darf eine Veränderung nur nach eingeholten Ratschlägen der Maschinenlieferantin vorgenommen werden.

77. Welche Gesichtspunkte sind beim Zerlegen und Zusammenbau des Regulators zu berücksichtigen?

Beim Auseinandernehmen des Regulators muß beachtet werden, daß das Maß der Federspannung festgestellt wurde, um beim Zusammenbau die Feder zur Herstellung der gleichen Umlaufsverhältnisse wieder auf die gleiche Länge einstellen zu können.

Vor dem Zusammenbau des Regulators sind alle Teile gut zu reinigen. Besondere Sorgfalt erfordern die Schmierlöcher, die peinlich gereinigt werden müssen, weiterhin ist der Zustand der Zapfen und der Zapfenlöcher genau zu untersuchen und sind auch die geringsten Mängel daran sofort zu beseitigen.

XII. Brennstoffpumpe.

78. Wie ist die Brennstoffpumpe einzustellen?

In Fig. 23 ist eine viel gebräuchliche Pumpenkonstruktion dargestellt, bei deren Anwendung für jeden Zylinder eine gesonderte Pumpe vorzusehen ist. Hinsichtlich deren Einstellung ist folgendes zu berücksichtigen:

1. Die erste Forderung für jede Regelung ist, daß die Maschine nicht durchgehen darf, d. h. für unseren Fall, daß die Brennstofflieferung abgestellt sein muß, wenn der Regler in die höchste Stellung gelangt. Zur Sicherheit läßt man die Pumpe schon aufhören zu fördern, wenn sich der Regler noch ca. 3 mm unterhalb der obersten Reglerstellung befindet. Damit diese Forderung erfüllt sei, muß das Saugventil der Pumpe durch die Reglerstange in angehobenem Zustande gehalten werden. Um dies zu erreichen, stellt man den Brennstoffpumpenexzenter in die untere Totlage und den Regler so, daß er ca. 3 mm unterhalb der obersten Stellung verbleibt. Dann dreht man die Flaschenmutter an der Reglerstange so lange, bis das Saugventil ein klein wenig (um ca. 0,1 mm) angehoben wird. Ist die Pumpe so eingestellt, so bleibt die Reglerstange bei der höchsten Tourenzahl (Beginn des Durchlaufens) mit dem Saugventil stets in Berührung.

2. Die Maschine muß volle Füllung erhalten können, die Reglerstange soll also das Saugventil überhaupt nicht berühren, d. h. letzteres soll als ein automatisches Ventil funktionieren. Behufs Erfüllung dieser Forderung muß zwischen Reglerstange und Saugventil ein geringes Spiel (0,1 Instrumentenblech) vorhanden sein, wenn der Exzenter seine höchste, der Regler aber seine niedrigste Lage einnimmt.

In diesem Falle ist die größte Füllung beim Anlassen gewährleistet. Die zweite Bedingung ist nicht so wichtig, als die erste, da die Brennstoffpumpen mit einem reichlichen Förderungsüberschuß zu berechnen sind und es ist zulässig, daß das Saugventil noch etwas angehoben ist, wenn sich der Exzenter in seiner höchsten, der Regler aber in seiner tiefsten Stellung befindet; dies ist besonders bei Mehrzylindermaschinen zulässig.

Bei der Einstellung ist möglichst darauf zu achten, daß die Regler-
hebel mit den Verbindungsstangen einen rechten Winkel bilden, wenn

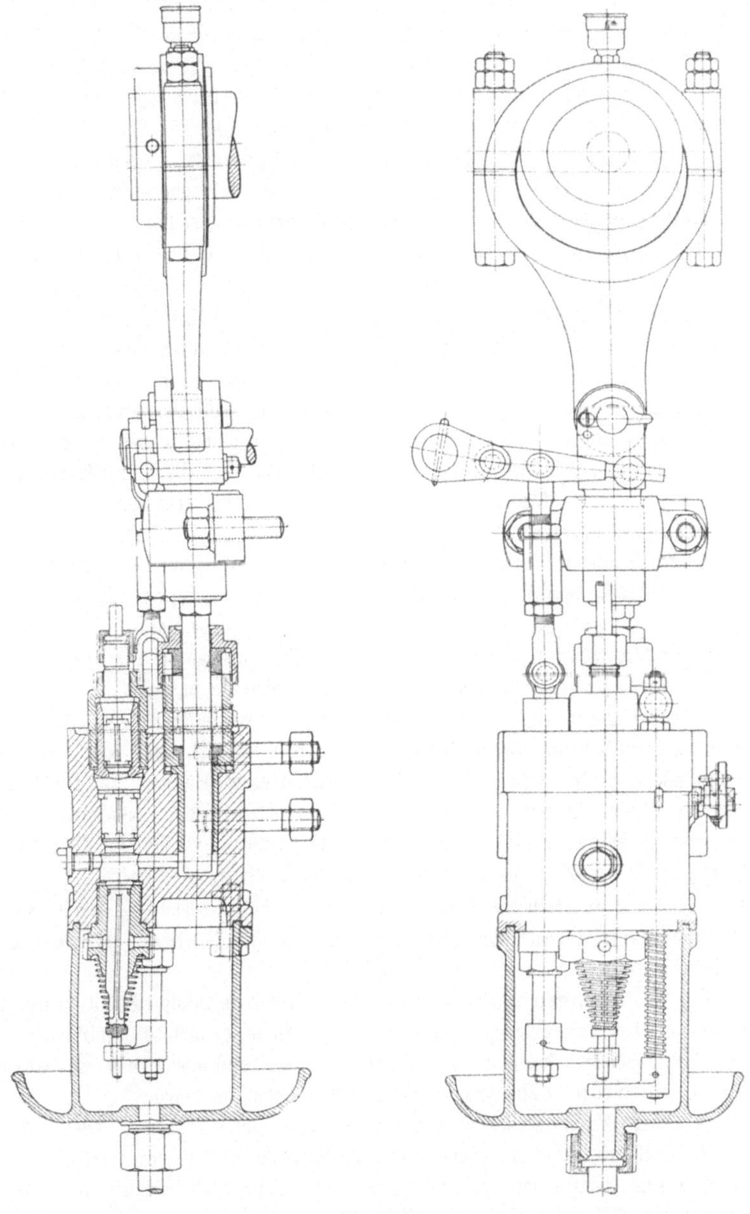

Fig. 23.

sich der Regler in der Mittelstellung befindet, denn hierdurch ist eine
gleichmäßige Auslenkung des Gestänges aus den Mittelstellungen gesichert.

Bei Mehrzylindermaschinen wird die Einstellung gleichfalls in der unter 1. und 2. angegebenen Weise vorgenommen, nur ist hier die „individuelle" Beschaffenheit eines jeden Zylinders zu berücksichtigen. Dies geschieht am einfachsten derart, daß bei in Gang befindlicher Maschine alle Zylinder bis auf einen ausgeschaltet werden, wobei dann dieser eine Zylinder die übrigen zieht. Schaltet man im Betrieb einen jeden Zylinder der Reihe nach ein und mißt die Umdrehungszahl, so kann die Ungleichmäßigkeit durch Verdrehung der jeweiligen Flaschenmutter beseitigt werden. Die Methode, daß man die Reglerstellung von dem obersten Anschlag her mißt, bleibt zufolge des Schlotterns des Reglers unsicher.

79. **Was ist die Folge davon, wenn der Brennstoff wasserhaltig ist?**

Ist der Brennstoff wasserhaltig, so läuft die Maschine ungleichmäßig und kann eventuell auch zum Stehen kommen. Auch das Anlassen der Maschine gestaltet sich sehr ungünstig, da grade bei kalter Maschine schon geringe Mengen von Wasser, die im Betriebe anstandslos verdampfen, zu stark abkühlend auf die Kompressionstemperatur einwirken.

In solchen Fällen muß die Saughaube der Brennstoffpumpe und das kleine Brennstoffgefäß entleert und wieder mit frischen, wasserfreiem Brennstoff gefüllt werden.

Das Wasser fördert die Verrostung der einzelnen Bestandteile; gelangt verhältnismäßig viel Wasser in den Verbrennungsraum, wo es verdampft, so schlägt sich der Kesselstein aus dem Dampf mit den Verbrennungsrückständen als harte Masse nieder, die unter der Wirkung des hin- und hergehenden Kolbens den Zylindereinsatz ausreibt.

Das Wasser muß auch aus den Brennstoffbehältern abgelassen werden, zu welchem Zweck die Behälter mit Ablaßhähnen versehen sind. Es empfiehlt sich, von Zeit zu Zeit an diesen Hähnen zu prüfen, ob Wasser vorhanden ist und es nach Bedarf abzulassen. Alsdann sind die Behälter mit abgestandenem, geklärtem Brennstoff wieder zu füllen. Die Behälter sind mindestens halbjährlich gründlich zu reinigen.

80. **Aus welchem Grunde tritt eine Abnützung der Brennstoffpumpenkolben ein und was sind die Folgen dieses Übelstandes?**

Das Dichtungsmaterial verliert mit der Zeit infolge Erhärtung seine Elastizität und Anschmiegungsfähigkeit. Diese erhärtete Dichtung trägt in beträchtlichem Maße zum Verschleiß bei und zwar um so eher, je kräftiger die Stopfbüchsenverschraubung angezogen wird.

Ist der Kolben schon abgenützt und erneuert man die Packung, so kann sich diese dem veränderlichen Kolbendurchmesser nicht oder nur unvollkommen anpassen und saugt in der Saugperiode Luft an, die den Hubraum ausfüllend die Brennstofflieferung verringern, ja sogar verhindern kann. In der Druckperiode geht ein Teil des Brennstoffes durch die Stopfbüchse verloren.

81. Aus welchem Grunde liefert die Pumpe keinen Brennstoff?

Die in Betracht kommenden Fälle sind die folgenden:

1. Die Pumpe saugt Luft an. Dieser Fall wurde im vorstehenden Punkt erörtert; es wurde angeführt, daß der Kolbenverschleiß einen Grund des Ausbleibens der Brennstofflieferung bilden kann. Es kann aber Luft auch dann in den Hubraum gelangen, wenn im Saugraum eine Dichtung, z. B. die Saugtopfdichtung versagt. Außerdem kann aber auch durch eine undichte Brennstoffleitung Luft mit dem Brennstoff in die Pumpe gelangen, wenn nämlich derselbe bei niedriger Temperatur seine Dünnflüssigkeit verloren hat und nicht mehr der Pumpe zufließt, sondern von der Pumpe gesaugt werden müßte, wozu sie aber vermöge ihrer geringen Größe nicht imstande ist.

2. Die Ventile dichten nicht.

Die Ursache dieses Übelstandes kann darin liegen, daß die Ventilsitze ausgeschlagen sind, was ein Einschleifen oder event. auch schon eine Regulierung auf der Drehbank erfordert, oder daß Verunreinigungen zwischen Ventil und Sitz gelangt sind, oder aber, daß die Führung abgenützt ist.

Ist das Saugventil undicht, so wird überhaupt kein Brennstoff geliefert. Der Brennstoff wird in die Saugleitung zurückgedrückt. In solchen Fällen baut man das Saugventil aus, zu welchem Zwecke die Brennstoffleitung abgesperrt und der Saugtopf abmontiert werden muß. Alsdann schleift man das Ventil mit einer der früher angeführten Schleifmaterialien ein; gelingt dies nicht, so muß der Ventilsitz reguliert und nötigenfalls das Ventil durch ein neues ersetzt werden.

Ist das Druckventil undicht, so fließt der Brennstoff in den Hubraum zurück, so daß Brennstoff überhaupt nicht geliefert wird. Diesem Übelstand ist durch Einschleifen oder Einregulieren abzuhelfen. Beim Einschleifen ist darauf zu achten, daß die sonst gute Führung des Ventils durch Eindringen von Schleifpulver nicht beschädigt wird.

82. Wie wird festgestellt, ob die Ventile der Pumpe gut dichten?

Um die Dichtigkeit der Ventile zu untersuchen, wird statt der Brennstoffdruckleitung die Luftdruckleitung angeschlossen. Soll das Saugventil untersucht werden, so baut man die Druckventile aus, wobei das Zischen durch das Saugventil auf die Undichtigkeit hindeutet. Soll das untere Druckventil auf Dichtigkeit geprüft werden, so genügt es, wenn man die Beweglichkeit des Saugventils mit dem Finger ausprobiert. Läßt sich das Saugventil in normaler Weise, d. h. ohne Kraftanstrengung anheben, so ist dies ein Beweis dessen, daß das Druckventil dichtet; ist eine Undichtigkeit vorhanden, so kann man das Saugventil nicht mit den Fingern anheben, weil sich der Raum über dem Ventil mit hochgespannter Luft füllt, die auf das Ventil drückt; nach Auffindung der Ursache der Undichtigkeit ist sie sofort zu beseitigen.

Beim oberen (kleineren) Druckventil kann die Untersuchung der Dichtigkeit durch ein zwischen die beiden Druckventile eingeschaltetes Probeventil vorgenommen werden. Ist ein solches Ventil nicht vorhanden, so muß zum Zwecke der Untersuchung das untere Druckventil ausgebaut werden. Die Prüfung kann in derselben Weise vorgenommen werden, wie beim unteren (größeren) Druckventil.

Man kann die vollständig zusammengebaute Pumpe durch Luft auspropieren, um den dichtenden Zustand der verschiedenen Dichtungen festzustellen. Schließt man einen Manometer an, so wird durch den Druckabfall die Undichtigkeit angezeigt. Auch kann man statt Luft durch Brennstoff die Dichtigkeit der Pumpe feststellen und zwar in der Weise, daß man von Hand den Pumpenkolben so weit bewegt, bis an dem angeschlossenen Manometer ein Druck von 60—70 Atm. angezeigt wird. Bleibt der Druck unverändert, so ist die Dichtung der Pumpe in Ordnung; andernfalls sind die verschiedenen Dichtungen und Ventile je für sich zu untersuchen.

Hat man für diese Untersuchung kein Manometer zur Verfügung, so öffnet man das Probeventil; sind nun alle Dichtungen in Ordnung, so muß aus den Probeventilen Brennstoff ausströmen. Unterbleibt hier die Ausströmung von Brennstoff, trotzdem alle Dichtungen durch Prüfung mittels Luft für richtig befunden wurden, so kann man darauf schließen, daß sich im Hubraum der Pumpe oder im Saugraum Luft befindet. Um diese Luft entweichen zu lassen, öffnet man das Entlüftungsventil an der Pumpe, wobei mit Hilfe einiger Pumpenhübe am Vorpumpmechanismus die Luft durch dieses Ventil herausgedrückt wird. Man soll so lange pumpen, bis aus dem Ventil Brennstoff austritt. Am raschesten und gründlichsten kann die Luft dadurch entfernt werden, daß die Druckventile ausgebaut werden, dann füllt sich der ganze Raum mit Brennstoff an.

83. Was ist beim Zusammenbau und Zerlegen der Pumpe zu berücksichtigen?

Beim Zerlegen ist darauf zu achten, daß keine Teile verloren gehen. Vor dem Zusammenbau soll alles gereinigt werden, zu welchem Zwecke alle wichtigen Bestandteile mit Petroleum abzuwaschen sind.

Beim Zusammenbau ist darauf zu achten, daß keine Verunreinigungen in der Pumpe (an den Ventilen, den Dichtungen usw.) zurückbleiben, da sonst die Ventile hängen bleiben und Luft angesaugt werden kann, wobei dann natürlich die Brennstofflieferung ausbleiben muß.

84. Welche sind die bei der Pumpe gebräuchlichen Dichtungen?

Beim Kolben pflegt man Exzelsiorschnur oder Metallspäne zu verwenden. Was hierüber im Punkt 69 bezüglich der Dichtung der Brennstoffventilnadel gesagt wurde, gilt auch hier.

Bei der Erneuerung der Stopfbüchspackung soll die ganze Packung und nicht allein der obere Teil, ausgewechselt werden.

Die Saughaube kann mit geöltem Papier abgedichtet werden.

85. Welchen Zweck verfolgt das Vorpumpen? Was sind die Folgen eines unrichtigen Vorpumpens?

Fig. 24.

Die in Fig. 24 dargestellte Pumpe ist mit einer Vorrichtung versehen, die ein Pumpen von Brennstoff von Hand — Vorpumpen — gestattet. Der Zweck des Vorpumpens besteht darin, vor dem Anlassen die Pumpe und die Brennstoffleitung mit Brennstoff zu füllen und zur Einleitung der Zündung etwas Brennstoff dem Ventil zuzuführen. Das Vorpumpen selbst geschieht von Hand mittels des Vorpumphebels am Pumpenkolben oder an einem Hilfskolben: dem Vorpumpkolben, und wird nach Ausschaltung des Antriebsexzenters vorgenommen.

Bei Brennstoffpumpen, wo zum Vorpumpen ein Hilfskolben verwendet wird, ist auf die Exzenterstellung der Pumpe zu achten, da der Fall eintreten kann, daß das Saugventil durch die Reglerstange angehoben wird, weil dann kein Brennstoff geliefert wird. Der Exzenter soll sich in der untersten Stellung befinden.

Wäre die Leitung nicht mit Brennstoff gefüllt, so müßte dies durch die Bewegung des Pumpenkolbens während der Anlaßperiode der Maschine selbst bewirkt werden. Die Zahl der Umdrehungen während dieser Periode reicht aber hierzu nicht aus, so daß die Maschine mangels Brennstoffes nicht anlaufen könnte.

Beim Vorpumpen kann zugleich durch das Probeventil die richtige Wirkungsweise der Pumpe festgestellt werden.

Ist das Probeventil am Pumpengehäuse angebracht, so wird, sobald aus diesem Ventil Brennstoff ausströmt, das Ventil abgesperrt und noch 6—8 mal weitergepumpt. Ist aber das Probeventil am Brennstoffventil angebracht, so genügt es, nach Absperren des Probeventils noch zweimal zu pumpen.

Wurde durch das Vorpumpen nur wenig Brennstoff gefördert, so ist die Zündung in Frage gestellt; ist aber zuviel Brennstoff gepumpt worden, so gelangt auch eine zu große Menge Brennstoff, welche dann nicht gut zerstäubt werden kann, in den Verbrennungsraum. Der Brennstoff wird bei kleineren Mengen explosionsartig verbrannt, bei übergroßen Mengen aber überhaupt nicht zur Entzündung gebracht, vielmehr lagert er sich in der Kolbenmulde, im Auspuffventil und im Rohr ab und kann — wenn er nicht entfernt wird — zu einer solch heftigen Explosion führen, daß der Zylinderdeckel und das Auspuffrohr zersprengt werden können.

Wenn die Maschine nach öfteren Versuchen nicht anläuft, und sehr viel vorgepumpt wurde, so empfiehlt es sich, das Saugventil herauszunehmen und den abgelagerten Brennstoff zu entfernen.

In der kalten Jahreszeit geht das Anlassen der Maschine schwerer vor sich, da die Selbstentzündungstemperatur schwerer zu erreichen ist. In solchen Fällen kann man etwas Brennstoff in den Verbrennungsraum einströmen lassen, in der Weise, daß man das Brennstoffventil (bei stillstehender Maschine) etwas anhebt. Der eingeführte Brennstoff verdunstet während der Verdichtung beim Anlassen und wird knapp vor dem Totpunkt entzündet, wodurch die Erwärmung der Maschine gefördert wird.

86. Welchem Zwecke dient der Schwimmer im Brennstoffgefäß? Welche Betriebsstörungen können hier vorkommen?

Der Schwimmer sichert den gleichmäßigen Zufluß des Brennstoffes zur Pumpe, und zwar dadurch, daß im Schwimmergefäß ein bestimmtes Flüssigkeitsniveau aufrechterhalten wird. Das konstante Flüssigkeitsniveau wird durch ein Ventil erreicht, welches durch den Schwimmer reguliert wird. Steigt das Flüssigkeitsniveau, so wird das Ventil geschlossen, fällt es, so wird das Ventil geöffnet. Wird der Schwimmer an der Maschine selbst in einem Steuerbock untergebracht, so wird das Niveau so hoch gehalten, daß das Saugventil ganz hier unten zu liegen kommt. Ordnet man den Schwimmer in Gefäßen an der Mauer an, so ist das Niveau so tief zu halten, daß der Brennstoff durch die Flüssigkeitsdruckhöhe bei zufällig offen gelassenem Hahn des Schwimmergefäßes nicht die Pumpenventile öffnend in das Brennstoffventilgehäuse fließen und dieses event. vollständig füllen kann. Dieser Umstand kann sonst zu schweren Unglücksfällen führen.

Betriebsstörungen können am Schwimmer vorkommen:

durch unrichtige Wirkungsweise des Ventils (Hängenbleiben usw.);

durch Gewichtsänderung des Schwimmers; es kann nämlich durch Undichtigkeit Brennstoff in den verzinnten hohlen Schwimmerkörper gelangen oder der Schwimmer sättigt sich, falls er aus Kork besteht, mit Brennstoff;

durch Ablagerungen (Schlamm) in Gefäßen, die nicht rechtzeitig gereinigt wurden.

Alle diese Störungen können ohne Schwierigkeiten behoben werden, wenn sie frühzeitig bemerkt werden.

XIII. Der Luftverdichter.

87. Welchen Ursachen ist es zuzuschreiben, wenn der Verdichter nicht genügend Luft liefert?

Die Ursachen können die folgenden sein:

1. der schädliche Raum des Verdichters ist zu groß;
2. es sind Undichtigkeiten in den Luftleitungen vorhanden;
3. die Druckleitungen sind verstopft, so daß der Querschnitt für die Durchströmung zu klein geworden ist;
4. es sind Undichtigkeiten in den Kühlwasserleitungen vorhanden, so daß die Luft zu heiß ist; dadurch vermindert sich der Lieferungsgrad des Verdichters;
5. Hochdruckzylinder oder Niederdruckzylinder ist abgenützt;
6. die Kolbenringe dichten nicht mehr ab, entweder sind sie nicht mehr elastisch oder sie sind abgenützt;
7. die Ventile dichten nicht, die Ventilsitze oder die Dichtungsflächen im Ventilgehäuse sind ausgeschlagen oder die Ventilführung ist abgenützt, oder es haben sich bei Tellerventilen die Teller verzogen bzw. sind bei Plattenventilen die Platten verbogen;
8. die Ventilfedern sind gebrochen oder ausgeglüht;
9. die Dichtungen (Packungen) sind aus schlechtem Material oder in so schlechtem Zustande, daß sie erneuert werden müssen;
10. das Brennstoffventil bleibt hängen oder die Linse ist groß. In diesem Falle wird zwar eine genügende Luftmenge geliefert, doch ist der Verbrauch abnormal groß.

88. **Wie groß muß der schädliche Raum sein? Wie wird der schädliche Raum gemessen?**

Als schädlichen Raum bezeichnet man wieder den Teil des Zylinderinhaltes oberhalb der Kolbenlaufbahn zwischen dem Kolben und dem Zylinderdeckel bei oberer Totpunktstellung. Der in diesem Raum verbleibende Rest an warmer Luft, herrührend von der vorher gehenden Verdichtung, vermischt sich mit der Einsaugeluft, vermindert also die Saugluftmenge und zugleich das Gewicht dieser Luft durch Erhöhung der Temperatur der Saugluft.

Im allgemeinen verwendet man für die Verdichter selbsttätige Saug- und Druckventile (abgesehen von ganz großen Einheiten, bei denen man auch gesteuerte Ventile verwendet und der eine Ausnahme bildenden Reavel-Kompressoren). Da bei diesen das Saugventil erst nach Erzeugung eines so großen Vakuums öffnet, das den Widerstand der Feder und der Ventilreibung zu überwinden imstande ist, also an sich schon eine Verminderung der Saugwirkung des Verdichters eintritt, so ist einleuchtend, daß man die Größe des schädlichen Raumes auf das geringst zulässige Maß beschränken muß, um eine weitere Verschlechterung des Lieferungsgrades zu verhindern. Naturgemäß ist bei den kleinen Abmessungen und dem höheren Druck der Hochdruckstufe eine auch nur geringe Änderung von erheblicherem Einfluß als bei der Niederdruckseite, da bei dem höheren Luftdruck der ersteren der Kolben sowieso schon einen größeren Weg zurücklegen muß, bis das Saugventil öffnen kann.

Dazu kommt noch, daß eine bestimmte Höhe des schädlichen Raumes aus dem Grunde vorhanden sein muß, weil der Kolben ja nicht im Zylinder anstoßen kann und auch bei zu geringer Bemessung derselben die Schläge durch ein zu dünnes Luftkissen nicht genügend gedämpft werden. Die hierdurch erforderliche Höhe des schädlichen Raumes beträgt bei kleinen Einheiten (unter 60 PS.) bis 1,5 mm, bei größeren Einheiten bis 2,5 mm. Es ist also sehr wichtig, daß schon beim Entwurf der Maschine auf die Ausbildung des schädlichen Raumes genügendes Gewicht gelegt wurde, ihn so klein wie möglich zu machen.

Die Messung des schädlichen Raumes kann auch hier, wie beim Arbeitszylinder erwähnt wurde, in praktischer und rascher Weise durch die Bestimmung des Längenmaßes vorgenommen werden. Bei Stillstand der Maschine geht man in folgender Weise vor: Man stellt die Pleuelstange in den äußeren Totpunkt und zeichnet am Kurbelzapfenbund die Lage des Stangenkopfes durch eine Marke an. Dann löst man die Pleuelstangenschrauben, hebt die Stange, bis der Kolben an den Zylinderdeckel anstößt und macht abermals ein Zeichen am Kurbelzapfenbund. Der Unterschied der beiden Marken gibt die Höhe des schädlichen Raumes an.

Die Messung des schädlichen Raumes kann auch in der Weise erfolgen, daß in den Zylinder durch die Öffnung eines ausgebauten Ventils ein 5 mm starker Bleidraht eingelegt wird. Dreht man nun die Kurbel über die obere Totpunktlage (Deckelseite) hinaus, so wird der Bleidraht entsprechend der Höhe des schädlichen Raumes flachgedrückt sein.

89. Zu welchem Zwecke ist die Luft zwischen der Hoch- und Niederdruckstufe zu kühlen? Wann und warum muß die Hochdruckluft gekühlt werden?

Luftverdichter für hohe Drücke, wie sie beim Dieselmotor in Frage kommen, erfordern die Verdichtung der Luft in (mindestens) zwei Stufen. Würde man die Verdichtung in nur einer Stufe vornehmen, so würde die Wärme der Luft während der Verdichtung so hoch werden, daß die Haltbarkeit der Ventile, Kolbenringe usw. in Frage gestellt würde. Auch würde bei der dann notwendig werdenden reichlichen Schmierung bei Gegenwart der heißen Luft die Gefahr von Explosionen sehr groß werden. Man nimmt deshalb die Verdichtung in zwei Stufen hintereinander vor und kühlt zwischen dem Nieder- und Hochdruck die Luft im Zwischenkühler wieder möglichst auf ihre Anfangstemperatur hinunter. Aber nicht allein eine Schonung des Materials und eine Verminderung der Explosionsgefahr wird dadurch herbeigeführt, sondern auch eine Verminderung der Arbeitsleistung für den Kompressor und eine Erhöhung des volumetrischen Wirkungsgrades erzielt. Außerdem bietet sich im Zwischenkühler Gelegenheit, Öl und Wasser aus der Luft auszuscheiden und nach außen hinabzublasen.

Zur Kühlung wird entweder ein Rohr in schlangenförmig gewundener Form (Spirale) verwendet oder es kommen mehrere gerade Rohre in einem Rohrbündel vereinigt zur Anwendung. Die Einrichtungen sind derart getroffen, daß die Luft das Rohr durchströmt, das Kühlmittel dagegen außen zirkuliert. Bei kleineren Einheiten werden Schlangenrohre verwendet, die in den Kühlraum des Luftverdichters eingebaut werden, wodurch der Aufbau sehr vereinfacht wird. Die Reinigung derartiger Rohre ist umständlich und wenn das Rohr undicht wird, so kommt der ganze Kühler außer Betrieb; auch ist die Abkühlung nicht vollkommen, da der Kühlraum des Verdichters nie (auch bei kleineren Einheiten nicht) ganz ausreicht, um die erforderliche Kühlfläche unterbringen zu können. Eine viel größere Kühlfläche kann bei gesondert aufgestellten Kühlern mit parallel angeordneten Rohren in einem Gehäuse vereinigt angewendet werden. Die Reinigung dieser geraden Rohre ist rascher durchführbar, und wenn ein Rohr unbrauchbar wird, so kann man es ausbauen oder die beiden Enden verstopfen, wobei der Kühlapparat weiter gebraucht werden kann. Entsteht ein Loch in dem Schlangenrohr oder berstet ein solches Rohr, so entsteht im Kühlraum des Verdichters ein übermäßig hoher Druck, der den Kühler zersprengen und den Verdichter längere Zeit außer Betrieb setzen würde, wenn der Kühlraum nicht entweder mit einem genügend großen, freien Wasseraustritt oder mit einem Sicherheitsventil (Brechplatte) versehen ist.

Die Kühler sind mit einem Ölabschneider versehen, um Wasser und Öl aus der Luft auszuscheiden, das durch einen Ablaßhahn entfernt werden kann. Das Abblasen der Emulsion muß von Zeit zu Zeit während des Betriebes erfolgen, etwa nach 5—6 Betriebsstunden, unbedingt aber nach dem Anlassen und vor dem Abstellen. Die Kupferrohrschlangen der Kühler werden häufiger undicht; ein kleines Loch kann man mit Zinn verlöten oder mit Kupfer zuschweißen; sollte nach einiger Zeit aber wieder ein neues, größeres Loch entstehen, so muß die Schlange ausgewechselt werden, ebenso auch in dem Falle, wenn das Rohr an einer Stelle aufplatzen sollte; es sei denn, daß die schadhafte Stelle in der letzten Windung liegt, da man alsdann diese abschneiden und durch ein entsprechendes neues Rohrstück ersetzen kann.

Eine Kühlung der Hochdruckluft ist empfehlenswert, bei größeren Einheiten von 50 PS. an aufwärts sogar unerläßlich, um das Rohrmaterial zu schonen, denn durch die starke Erwärmung der Rohre wird ihre Festigkeit geringer und ein Platzen früher eintreten können. Gelangt die Luft heiß in das Luftgefäß, so wird das mitgeführte Öl verdampft und bildet mit der Luft ein explosibles Gemisch. Dieses Gemisch kann sich unbeabsichtigt entzünden und Explosionsschäden verursachen, und zwar dadurch, daß es in das Brennstoffventil gelangt und sich hier durch Undichtigkeit des letzteren an der Verbrennungsflamme entzündet; die heiße Luft kann aber auch den Brennstoff im Ventil selbst verdampfen und so ein explosibles Gemisch bilden. Beim Hochdruckkühler ist gleichfalls für ein Entölen und Abblasen der Rückstände zu sorgen. Es ist noch zu beachten, daß der Sammelraum und das in diesem vorgesehene Ventil an der tiefsten Stelle anzubringen sind.

90. Aus welchem Grunde ist eine Reinigung der Luft erforderlich? In welcher Weise wird die Luft gereinigt? Welche Folgen hat die Verwendung von unreiner Luft?

Die verdichtete Luft ist nicht rein, sondern enthält Wasser, Öl, verbrannte Ölrückstände und kleine staubartige Verunreinigungen. Alle diese Verunreinigungen haben eine unrichtige Funktion des Verdichters zur Folge. Das Wasser, gemischt mit unverbrannten Ölteilen, besitzt keine Schmierfähigkeit, sondern befördert durch Anrosten nur die Abnützung des Zylindereinsatzes und erschwert mit der Luft in den Zylinder eingeblasen die Entzündung des zerstäubten Brennstoffes. Wasser, Staub und Ölgemisch verstopfen die Rohrleitungen und verschmutzen die Ventile.

Das Prinzip der Entfernung der Verunreinigungen beruht darauf, daß die letzteren schwerer sind, als die Luft. Wenn Luft plötzlich in einen erweiterten Raum strömt, so daß eine Geschwindigkeitsänderung eintritt, oder wenn sie während der Strömung eine Richtungsänderung erfährt, so bewegen sich die schwereren Teile langsamer, sie bleiben zurück und es findet eine Ablagerung derselben statt. Zwar gelingt eine vollkommene Reinigung auf diese Weise nicht, doch kann man erreichen, daß die Verunreinigung der Luft so gering ist, daß keine unangenehmen Folgen bei ihrer Verwendung entstehen. Es genügt aber nicht, die Ver-

unreinigungen nur abzulagern, vielmehr müssen sie auch von Zeit abgeblasen werden, denn wird dies verabsäumt, so werden die in der Luft
enthaltenen Verunreinigungen selbst bei vollkommenster Ablagerungs-
einrichtung mit der Zeit durch die Luft mitgerissen, ja es wird sogar
auch ein Mitreißen der abgelagerten, hoch angesammelten Rückstände
stattfinden.

Die Folgen der Verwendung von unreiner Luft wurden bereits im
Punkt 89 erörtert; es wurde dort ausgeführt, daß die eventuell aus
irgend einem Grunde nicht gekühlte Luft ein explosives Luft-Öldampf-
Gemisch erzeugt. Weiter können die Verunreinigungen noch das Brennstoffventil, oder die für die Luft vorgesehenen Öffnungen des Zerstäubers
verstopfen und schließlich auch ein Undichtwerden der Ventilnadel oder
deren Hängenbleiben verursachen.

91. **Woran erkennt man, daß die Leitungen oder die
Kühlerrohre verstopft sind und wie wird diesem Übelstand
abgeholfen?**

Sind die Luft-Leitungen oder Kühlrohre durch Ablagerungen ver-
engt, so wird eine geringere Luftmenge durch den Verdichter geliefert.
Durch die an den Rohrwandungen erfolgten Ablagerungen wird die Kühlwirkung des Wassers vermindert, so daß nicht nur die gelieferte Luftmenge gering wird, sondern es tritt auch eine übermäßige Erwärmung
derselben ein, die so weit gehen kann, daß man die Rohre und Ventil-
anschlüsse überhaupt nicht anrühren kann.

In einem solchen Falle müssen die Rohre ausgeglüht werden, wodurch die Ablagerungen verbrennen.

92. **Wie stellt man fest, ob die Zylinderflächen des Verdichters abgenützt sind und wie wird hier Abhilfe geschaffen?**

Mit der Zeit zeigen die Zylinderflächen des Verdichters eine Abnützung und zwar tritt diese bei den Hochdruckzylindern rascher ein, da
hier auf eine kleine Fläche beinahe ein gleich großer Seitendruck kommt,
als bei den Niederdruckzylindern auf eine größere Fläche. Die Abnützung
der Zylinderfläche ist nicht gleichmäßig, und kann deren Größe derart
festgestellt werden, daß man am äußeren Ende einen neuen Kolbenring
einpaßt. Schiebt man diesen Kolbenring gegen den Deckel zu und wächst
z. B. bei der Hochdruckstufe der Ringspalt bis 1,5 mm, so hilft das
Auswechseln der Ringe nur in unbedeutendem Maße; nur das Ausbohren
der Zylinder oder das Auswechseln der Kolben kann dann Abhilfe schaffen
bzw. kann man sich noch so helfen, daß man den Zylinder mit einer ca.
6 mm starken Büchse ausbüchst und den Kolben entsprechend überschleift.
Die letztere Lösung besitzt den Vorzug, daß nach einer event. neuerlichen
Abnützung durch eine neue Büchse wieder Abhilfe geschaffen werden
kann. Das Ausbüchsen hat noch den weiteren Vorteil, daß die Bohrung
nicht erweitert werden muß, so daß die Beanspruchung der einzelnen
Teile nicht erhöht wird. Bei Konstruktionen, bei denen die Hochdruck-

stufe einen Einsatzzylinder aufweist, kann ein Austausch des letzteren ohne weiteres vorgenommen werden.

Das Maß der Abnützung kann man aus der Größe des Grades beurteilen, welcher durch den obersten Hochdruckkolbenring erzeugt wird. Ist dieser Grad größer als 0,5 mm, so muß an ein Ausbüchsen oder Ausbohren des Zylinders geschritten werden; gegen die Mitte des Zylinders zu ist die Abnützung dann noch größer.

Bei kleineren Abnützungen kann man durch neue Kolbenringe abhelfen. Hier gilt alles das, was über den Arbeitskolbenring ausgeführt wurde. Nur um eine Abweichung handelt es sich bei den Hochdruckkolbenringen, die zufolge ihres geringen Durchmessers nicht über den Kolben geschoben werden können, sondern durch entsprechende Zwischenringe gelagert und mittels einer Schraube zusammengezogen werden müssen.

Diese Zwischenringe sind so zusammenzupassen, daß die Kolbenringe nicht eingeklemmt werden, wenn man die Schraube anzieht. Der Zwischenring darf in radialer Richtung nicht schlottern, vielmehr muß er passend aufliegen. Die Enden der Kolbenringe (Kolbenringschlösser) sind bei den kleinen Ringen nicht überlappt, sondern schräg geschnitten und zwar aus dem Grunde, weil so dünne Lappen leicht abbrechen können.

Die Ringspalten müssen hier am Umfange gleichmäßig verteilt sein.

Das Stichmaß für neue Ringe muß an jenem Teil abgenommen werden, wo die Abnützung am größten ist. Eingepaßt muß der Ring von der Seite werden, von welcher der Kolben in den Zylinder einmontiert wird; hier muß die Größe des Ringspaltes ca. 1 mm betragen.

Vorhandenen Zylinderverschleiß kann man aber auch ohne Abbau des Verdichters nachweisen. Hierzu wird das Hochdruckventil ausgebaut und aus dem Einblasegefäß Luft in den Hochdruckzylinder eingelassen, wenn der Kolben im oberen Totpunkt steht. Man baut zugleich das Niederdrucksaugventil aus; vernimmt man hier ein Zischen der Luft, so ist dies ein Zeichen dafür, daß die Ringe oder die Kolben nicht genügend dichten. Ist das Zischen nur ein ganz geringes, so ist eine Reparatur aus dem Grunde nicht erforderlich, weil der geringe Verschleiß durch die Wärmeausdehnung im Betrieb nicht zur Geltung kommt.

93. Wie stellt man fest, ob die Ventile noch gut dichten?

Die Untersuchung auf Dichtigkeit der Ventile erfolgt mittels der Einblaseluft. Der Druck dieser Luft soll 50 Atm. nicht übersteigen. Der Kolben wird in die oberste Totpunktstellung (Deckelseite) gebracht.

a. Die Untersuchung des Niederdruckventils:

Man baut die Hochdruckventile aus und läßt Luft einströmen. Die Luft stömt durch das Hochdruck-Saugventil zum Niederdruckventil. Dichtet dieses Ventil nicht, so hört man ein Zischen durch die Gehäuse-Öffnung des noch auszubauenden Niederdrucksaugventils.

b. Untersuchung der Dichtung des Niederdrucksaugventils:

Geschieht wie bei a.; nur wird noch das Niederdruck-Druckventil ausgebaut, so daß die Luft zum Niederdruck-Saugventil strömen kann; vernimmt man ein Zischen im Drosselventil für den Lufteinlaß, so ist das Ventil undicht. Die Undichtigkeit dieses Ventils zeigt sich aber auch während des Betriebes dadurch, daß warme, schon verdichtete Luft ausgeblasen wird.

c. Untersuchung der Dichtung des Hochdruck-Druckventils:

Hierzu genügt es, das Hochdrucksaugventil auszubauen, um bei event. Undichtigkeiten ein Zischen der durchströmenden Luft zu hören.

d. Untersuchung der Dichtung des Hochdrucksaugventils:

Hierzu wird, um das Zischen der Luft wahrzunehmen, das Niederdruck-Druckventil ausgebaut.

Ist im Zwischenluftkühler ein Manometer eingeschaltet, so kann man auch während des Betriebes aus dem angezeigten Druck auf den Dichtungszustand der Ventile schließen. Der Manometerzeiger schwankt bei normaler Belastung oder in der Nähe derselben (Einblasedruck 55—60) zwischen 6—8 Atm. Schwankt aber der Druck z. B. zwischen 10—12 Atm., so kann man daraus schließen, daß hochgespannte Luft von der Hochdruckstufe infolge Undichtigkeit des Hochdrucksaugventils überströmt. Fällt aber der Druck unter 6 Atm., so zeigt dies, daß Luft entweder durch den Kolben oder durch das Saugventil entweicht.

Ist das Hochdruck-Saugventil undicht, so gelangt hochgespannte Luft in der Zwischenkühler und strömt dieselbe durch das geöffnete Niederdruck-Druckventil (auch wenn das letztere dichtet) in den Niederdruckzylinder. Der Kolben ist gezwungen gegen einen so hohen Druck zu arbeiten, für welchen die einzelnen Teile nicht bemessen sind, so daß ein Warmlaufen der Lager, gegebenenfalls ein Verbiegen der Pleuelstange und der Zapfen herbeigeführt werden kann.

Gleichzeitig besteht der Übelstand, daß der Verdichter keine genügende Luftmenge liefern kann.

Eine Undichtigkeit der Ventile ist auch bei dem in den Zwischenkühler eingeschalteten Ablaßventil wahrnehmbar. Bei normalem Verlauf strömt die Luft aus diesem Ventil periodisch (hubweise) heraus; — ist diese Erscheinung nicht wahrzunehmen, so sind die Ventile undicht.

94. Aus welchem Grunde funktionieren die Ventile unrichtig? Wie wird ein Ventil eingeschliffen?

Im Bau der Verdichter haben sich zwei Arten von Ventilen eingebürgert, und zwar die Glockenventile (Fig. 25, 26) und die Tellerventile (Fig. 27, 28). Bei kleineren Ventildurchmessern (daher besonders bei Hochdruckventilen) werden Glockenventile angewendet. Plattenventile können wegen konstruktiver Schwierigkeiten nicht verwendet werden, da es hier nicht möglich ist, einen entsprechenden Durchgangsquerschnitt für die Luft unterzubringen. Bei größeren Durchmessern verwendet man Tellerventile (oder mehrere kleine Glockenventile), da das mit dem Durch-

messer wachsende Gewicht der Glocken die Sitzflächen sehr beansprucht.
Bei Plattenventilen ist für eine gute Sitzfläche zu sorgen, auch muß die
Platte etwas elastisch sein, damit sie sich dem Sitz anschmiegen kann.

Ist die Sitzfläche eines Ventiles verschlagen, so kann es nicht mehr
richtig arbeiten. Wie schon erwähnt, tritt ein Ausschlagen der Ventilsitze bei größeren Glockenventilen früher ein, als bei Plattenventilen.
Ist nur eine geringe Undichtigkeit vorhanden, so kann durch Einschleifen
abgeholfen werden. Das Einschleifen geschieht in der Weise, daß man
reines Öl mit Schmirgel oder Karborundum-Pulver (Missisippi-Pulver,

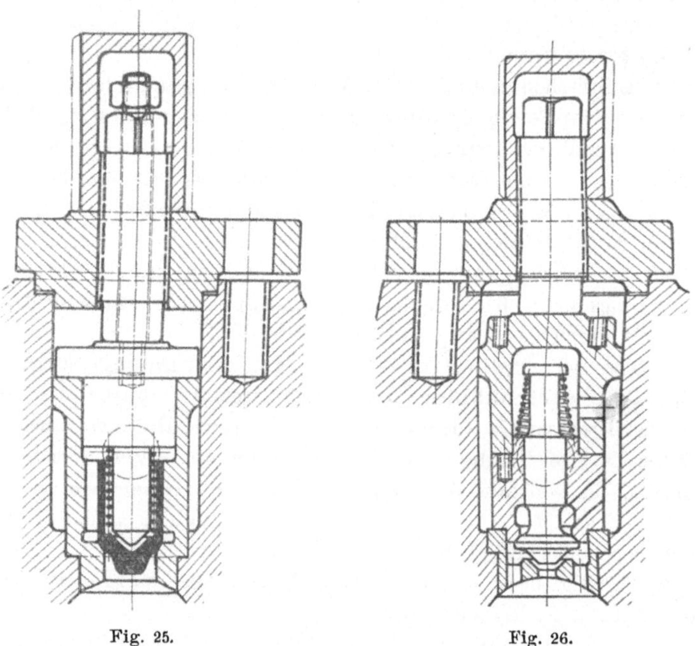

Fig. 25.Fig. 26.

Diamant-Schleifmasse) gut vermischt und die zu dichtenden Flächen mit
diesem Gemisch einschmiert. Dreht man die Flächen einigemale aufeinander, so wird .ein matter Glanz erzeugt; ein Zeichen, daß die beiden
Flächen gut eingeschliffen sind und daher gut aufliegen. Nach dem Einschleifen sind die Teile gut zu reinigen.

Das Ventil arbeitet auch dann nicht richtig, wenn sich verbrannte
Ölrückstände (Krusten) auf den Sitzflächen ablagern. Diese Ablagerungen
sind mit Petroleum gut abzuwaschen und die Ursache der Entstehung
solcher Krusten zu beheben.

Damit die beiden Dichtungsflächen genau aufeinander liegen können,
ist das Ventil geführt. Hat diese Führung einen Verschleiß erlitten, so
schlägt sich der Sitz einseitig aus. In solchen Fällen hilft das Einschleifen

allein nicht, vielmehr ist vorher ein Nachpassen mittels einer Reibahle vorzunehmen.

Nur ein gut geführtes Ventil darf eingeschliffen werden. Für das Einschleifen der Plattenventile wird eine Tuschierplatte verwendet.

Der Bruch oder das Ausglühen der Ventilfeder macht ihre Auswechslung erforderlich, denn sonst schließt das Ventil nicht rechtzeitig, was mit Luftverlust verbunden ist.

95. Was ist zu tun, wenn das Einschleifen der Ventile nichts mehr nützt?

Im Punkt 94 wurde das Einschleifen beschrieben. Nach häufig wiederholtem Einschleifen kommt das Ventil im Sitz tiefer zu liegen und

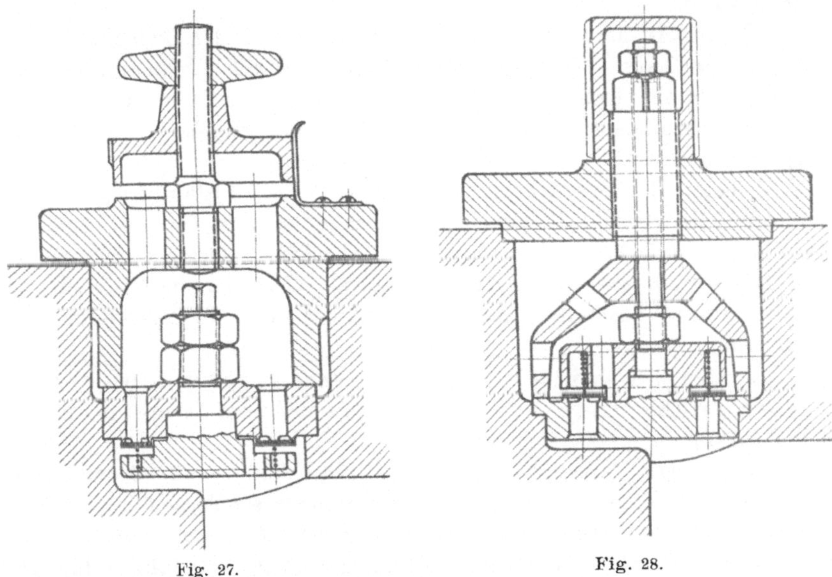

Fig. 27.   Fig. 28.

es bildet sich ein Grat. Es kann sogar vorkommen, daß das Ventil so weit durch den Sitz durchragt, daß der Kolben an dasselbe anstößt. In diesem Falle ist ein Nacharbeiten des Sitzes mittels einer Reibahle und Herstellung eines entsprechenden neuen Ventiles erforderlich. Sind tiefere Löcher an dem Sitz vorhanden, so muß derselbe auf der Drehbank nachgedreht werden.

Durch Einschleifen wird auch dann keine Abhilfe geschaffen, wenn sich der Ventilsitz verzogen hat, was eintreten kann, wenn infolge Schmierölverbrennung im Hochdruckzylinder eine abnormal hohe Temperatur erzeugt wurde. In solchen Fällen ist eine Auswechslung des Sitzes und die Beseitigung der Ursache erforderlich.

96. Aus welchem Grunde bleiben die Ventile hängen und welche Übelstände hat das Hängenbleiben im Gefolge?

Die Ursachen des Hängenbleibens der Ventile können folgende sein, wenn sich eine Ölkruste:

a. an die Ventilführung;

b. auf der Dichtungsfläche ansetzt;

c. wenn das Ventil falsch zusammengesetzt wurde.

Die Folgen sind:

a. beim Niederdruck-Saugventil: es wird die eingesaugte Luftmenge geringer;

b. beim Niederdruck-Druckventil: es wird deshalb weniger oder gar keine Luft geliefert, weil verdichtete Luft zurückströmt und wieder angesaugt wird, so daß keine oder nur weniger frische Luft in den Zylinder strömen kann;

c. beim Hochdruck-Saugventil: die Luft strömt in den Zwischenkühler und von hier aus in den Niederdruckzylinder zurück, wodurch hier ein übermäßig hoher Druck erzeugt wird, der das Warmlaufen des Kurbellagers oder Kolbenbolzenlagers hervorruft. Auch kann sich die Pleuelstange verbiegen;

d. beim Hochdruck-Druckventil: es tritt der Übelstand auf, daß ein Teil der gelieferten Luftmenge zurückgesaugt wird, so daß nur eine geringe Menge frischer Luft aus dem Zwischenkühler einströmen kann; es wird daher auch nur weniger Luft geliefert. Wenn sich die Niederdruckstufe in gutem Zustande befindet, so muß der Druck im Zwischenkühler anwachsen.

97. Warum wendet man Ventilfedern an und welche Folgen ergeben sich, wenn die Wirkungsweise der Federn nicht richtig ist?

Die Ventile haben im allgemeinen einen Hub von 2—3 mm; zur Hubbegrenzung dient ein Anschlag, durch welchen ein Tanzen der Ventile vermieden werden soll, welches eine ungleichmäßige Luftlieferung zur Folge haben würde. Das Ventil soll möglichst im Totpunkt schließen. Da die Durchströmung der Luft durch das Ventil auf Widerstand stößt, ergibt sich ein Druckabfall, d. h. der Druck auf der einen Seite des Ventils, der Zuströmungsseite, ist größer als auf der anderen, der Abströmungsseite. Die Feder muß daher so stark bemessen sein, daß bei kleiner Ventilgeschwindigkeit, also in der Nähe des Totpunktes, dieser Überdruck überwunden wird und das Ventil schließt. Zu spätes Schließen der Ventile nach Erreichung des Totpunktes ist mit Luftverlust verbunden.

Die Feder hat bei Druckventilen, die sich in der Nähe der Hubmitte plötzlich öffnen, auch noch die Aufgabe, ein starkes Aufschlagen der Ventile auf den Anschlag zu verhindern.

98. Wie werden die verschiedenen Dichtungsflächen beim Verdichter abgedichtet?

Die Flächen können entweder durch Einschleifen oder durch Zwischenlegen von Packungsmaterial abgedichtet werden. Bei Verdichtern empfiehlt es sich, möglichst das Einschleifen anzuwenden, um eine Vergrößerung des schädlichen Raumes zu vermeiden. Besonders bei jenen Teilen, die selten losgenommen werden (wie z. B. zweiteilige Verdichtergehäuse, Fig. 29), hat sich das Einschleifen sehr gut bewährt. Zum Einschleifen wird auch hier ein Gemisch von Öl und Karborundumpulver verwendet.

Durch das Einschleifen kommen die Flächen in eine so innige gegenseitige Berührung, daß ein Durchströmen der Luft ausgeschlossen ist.

Auch bei Verdichterdeckeln stellt das Einschleifen ein entsprechendes Mittel zur Abdichtung dar, insbesondere dann, wenn nur eine einzige Dichtungsleiste vorhanden ist. Aber auch im Falle von zwei Dichtungsleisten (Fig. 30) ist das Einschleifen anwendbar. Beim Deckelaustausch (wenn nämlich die Ventilsitze nicht mehr nachgepaßt werden können) kann bei nicht ganz genau entsprechender Bearbeitung die Dichtung durch Einschleifen nicht gelingen;· in diesem Falle sind Packungsmittel zu ver-

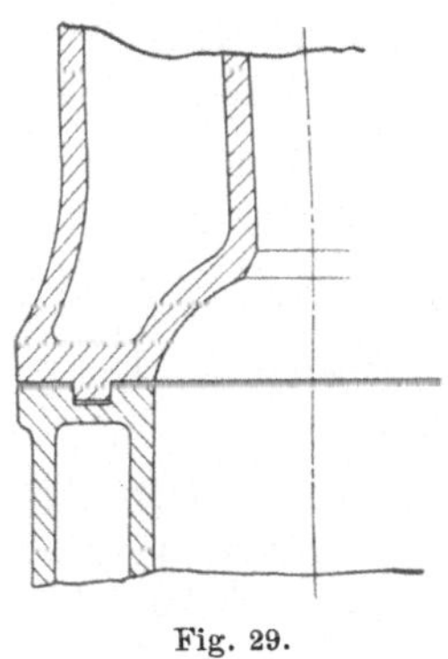

Fig. 29.

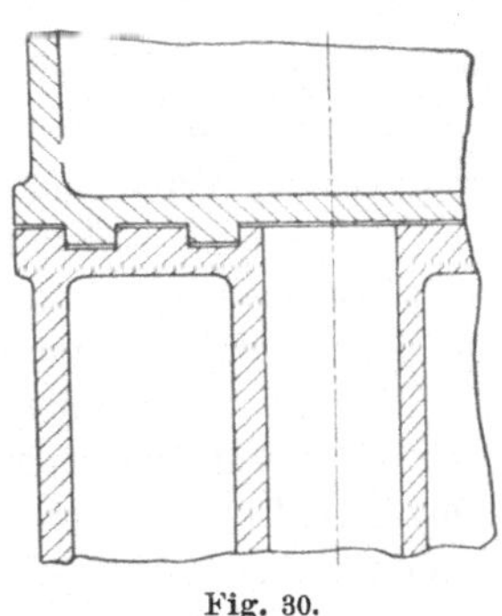

Fig. 30.

wenden, wozu sich eine höchstens 1 mm starke Klingerit- oder Asbestplatte am besten bewährt hat. Die Dichtungsscheibe gleicht die Unebenheiten der Dichtungsleisten aus. Die Deckeldichtung muß nach Erneuerung stets unbedingt ausprobiert werden, und zwar außer Betrieb, in der Weise, daß man das Hochdruck-Druckventil ausbaut und Luft aus dem Einblasegefäß in den Zylinder strömen läßt. Der Probedruck muß höher sein, als der Betriebsdruck; es ist nämlich in Rechnung zu ziehen, daß aus irgend einem Grunde ein höherer Druck entstehen kann.

Die Flanschen werden mittels 2 mm Klingeritscheibe abgedichtet.

99. Was ist die Ursache einer Explosion im Verdichter und wie kann dieselbe vermieden werden? Wie wird die Güte und die Menge des Schmieröles gewählt?

Die im Verdichter vorkommenden Explosionen können nur Schmierölexplosionen sein und zwar geht eine ähnliche Verbrennung vor sich, wie in Explosionsmaschinen. Die Ursache dieser Erscheinung liegt entweder darin, daß das Schmiermaterial den Anforderungen nicht entspricht, z. B.

daß der Entzündungspunkt zu niedrig liegt, oder aber darin, daß eine zu reichliche Schmierung erfolgt.

Die charakteristischen Daten eines guten Verdichterschmieröles sind die folgenden:

Spez. Gewicht 0,91
Viskosität bei 50º C. 9º Engler
Flammpunkt 240º C.
Entzündungstemperatur 280º C.

Die Viskosität ist von dem Gesichtspunkte aus bestimmt worden, daß das Schmieröl durch den Luftdruck nicht von der geschmierten Fläche fortgeblasen wird.

Die Explosionen können im Hochdruckzylinder, im Zwischenkühler in den Druckleitungen und im Einblasegefäß stattfinden. Außer der Güte und Menge des Schmieröles ist auch die Entstehung einer entsprechend hohen Temperatur zur Einleitung der Explosion erforderlich. Über die Entstehung dieser hohen Temperatur sei folgendes bemerkt:

Der oder die Zwischenkühler des Verdichters haben, wie früher erwähnt, den Zweck, durch Unterteilung der Verdichtung in zwei oder drei Stufen die jeweiligen Endtemperaturen so niedrig zu halten, daß Explosionen ausgeschlossen sind, was dadurch erreicht wird, daß vor jeder Stufe die Luft auf die Ansaugetemperatur abgekühlt wird. Durch die mit dem Kühler verbundenen Abscheider wird bewirkt, daß sich Öl, Wasser und Verunreinigungen ablagern müssen. Erfolgt keine entsprechende Abscheidung, bzw. wird das Kondensat nicht rechtzeitig abgeblasen oder aber derart intensiv geschmiert, daß sich im Kühler trotz des periodischen Abblasens viel Öl ansammelt, so werden Öltropfen durch die Luft mitgerissen und an der Innenwand der Kühlrohre niedergeschlagen. Diese Ablagerungen nehmen zu, die Schicht wird stärker und schwächt die Wirkung des Kühlwassers ab, was eine übermäßige Erwärmung der Luft zur Folge hat. Diese überhitzte Luft bringt das Öl zur Entzündung, dabei lagern sich weitere Rückstände an der Wandung der Rohre ab, so daß die Schicht infolgedessen noch stärker wird. Schließlich erhitzt sich die Luft dermaßen, daß sich das Öl schon im Zylinder entzünden muß, wobei sich Krusten an den Ventilen ablagern. Endlich wird bei weiterer Steigerung eine Temperatur erreicht, die eine heftige und mit hoher Drucksteigerung verbundene Verbrennung herbeiführt, wobei die Rohre und die Einblasetöpfe zerreißen können.

Bezüglich der Güte des Schmieröles gelten die bereits angegebenen Daten; was nun die Mengen betrifft, empfiehlt es sich, den Schmier-Apparat derart einzustellen, daß in der Minute nur 1—2 Tropfen geschmiert wird.

100. Was ist die Folge einer unrichtigen Kolbenschmierung? Aus welchem Grunde frißt der Kolben an?

Die Folgen einer übermäßigen Schmierung wurden im vorhergehenden Punkt angeführt.

Infolge der durch die Explosion erzeugten hohen Temperatur erwärmt sich event. auch der Kolben dermaßen, daß das Schmieröl auf den Zylinderlaufflächen verdampft und der Kolben trocken läuft. Dies führt dann zum Anfressen des Kolbens.

Das Anfressen kann natürlich auch (wie beim Verbrennungszylinder) dadurch hervorgerufen werden, daß die Schmierölzufuhr ausbleibt und zwar weil die Schmierlöcher verstopft sind oder die Schmierapparate nicht funktionieren oder. aber — was als die größte Fahrlässigkeit des Maschinisten bezeichnet werden muß — das Öl im Schmierapparat ausgegangen ist.

Trotz genügender Schmierung kann der Kolben aber auch anfressen, wenn die Kühlung infolge Wassersteinbildung derart vermindert ist, daß das Schmieröl verbrennt, also der Kolben trocken läuft; das Gleiche ist der Fall, wenn das Kühlwasser ausbleibt, oder schließlich, wenn in den Zylinder Wasser hineintropft, welches alsdann mit dem Öl eine Emulsion bilden kann, die überhaupt nicht schmierfähig ist.

Baut man einen neuen Kolben ein, so muß der Betrieb, solange der Kolben nicht gut eingelaufen ist, mit Vorsicht geführt werden. Ist zwischen Zylinder und Kolben ein zu geringes Spiel vorhanden, so kann der Kolben ebenfalls anfressen.

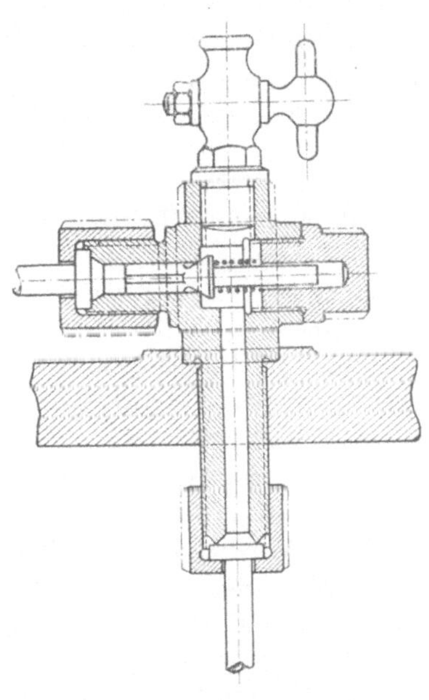

Fig. 31.

Ein Trockenlaufen des Kolbens kann auch dadurch eintreten, daß das Schmieröl während der Saugperiode aus dem Schmierapparat herausgesaugt wird. Dies findet um so intensiver statt, je mehr man das Drosselventil drosselt, d. h. je größer der Unterdruck im Zylinder wird. Um das Ansaugen des Öles aus dem Apparat zu verhindern, empfiehlt es sich, ein Rückschlagventil in die Leitung einzuschalten (Fig. 31).

Bei liegenden Luftverdichtern, die ein geschlossenes Gehäuse besitzen, wird, beim Mangel einer entsprechenden Ableitung des Öles, das letztere aus dem Gehäuse herausgesaugt, wodurch die Folgen wie bei zu reichlicher Schmierung in Erscheinung treten.

101. Wie kann Wasser in die Zylinder gelangen? Was sind die Folgen dieses Übelstandes und wie kann demselben abgeholfen werden?

Wasser kann in das Zylinderinnere gelangen, wenn bei den Doppeldichtungen oder aber an dem Kühler die Dichtung unvollkommen ist, weiterhin, wenn bei den Verbindungen der Luftleitungen, die sich im Wasserraum befinden, Undichtigkeiten vorhanden sind oder dieselben ein Loch oder einen Riß erhalten haben. Werden diese Übelstände vor dem Abstellen der Maschine nicht bemerkt, so kann während der Betriebspause eine solche Menge Wasser in den Zylinder kommen, daß ein Wasserschlag eintreten kann.

Das Wasser schadet aber auch in kleineren Mengen, denn dieses beeinträchtigt die Schmierung; auch kommt dann zum Anlassen und Einspritzen feuchte Luft zur Anwendung, die die Zündung des Brennstoffes beeinträchtigt. Bei längeren Betriebspausen verrostet der Kolben und die Zylinderfläche.

Bei abgestellter Maschine läßt sich der wasserdichte Zustand des Verdichters in der Weise feststellen, daß der Kühlraum mit Wasser gefüllt wird. — Der Kolben wird in den oberen Totpunkt (Deckelseite) gebracht und die Hochdruckventile werden ausgebaut. Läßt man nun Luft aus dem Einblasegefäß einströmen, so gelangt diese in die Rohrleitungen. — An den undichten Stellen kommen im Wasser Luftblasen zum Vorschein.

Sind im abfließenden Kühlwasser Luftblasen bemerkbar, so ist sofort eine Untersuchung vorzunehmen. Die Untersuchung muß sich aber auch auf die Kühler erstrecken.

102. Was sind die Ursachen des Warmlaufens der Kurbellager? Was sind die Folgen dieses Übelstandes?

Der Verdichter-Kurbelzapfen wird, ähnlich wie der Maschinen-Kurbelzapfen, mittels Schleuderring geschmiert, folglich sind die Betriebsstörungen gleich jenen, die bei letzterem angeführt wurden. Eine Wiederholung erscheint daher unnötig.

Die Ursachen des Warmlaufens des Kurbellagers können Montagefehler sein. Trifft dieser Fall nicht zu, ist aber auch die Schmierung eine gute und läuft der Zapfen dennoch warm, so kann man darauf schließen, daß die die Zapfen belastenden Kräfte zugenommen haben, d. h. Hochdruckluft infolge Hängenbleibens oder Undichtigkeit des Hochdrucksaugventils in den Niederdruckzylinder gelangt, welcher Übelstand sofort zu beseitigen ist.

Wird das Warmlaufen der Lager nicht rechtzeitig beseitigt, so frißt der Zapfen und sogar auch die mit Rücksicht auf die geringen Abmessungen aus Bronze hergestellte Lagerschale an. Bei der Lagerschale kann rasche Abhilfe geschaffen werden. — Viel schwieriger ist dies beim Zapfen, da dieser warm eingezogen und nachträglich auf der Kurbelzapfendrehbank nachgedreht wurde. Eine Auswechslung eines solchen eingeriebenen Zapfens ohne Ausbau der schweren Kurbelwelle ist mit der größten Sorgfalt vorzunehmen. — Es wird dabei auf folgende Weise verfahren:

Man dreht den **Zapfenkonus** entsprechend der Bohrung im Kurbelarm mit 2—3 mm Zuschlag ab. Sodann legt man den Zapfen in den Kurbelschenkel und feilt vier Flächen so an, daß diese Flächen in Wasserwage liegen. Dann spannt man den Zapfen auf einer Drehbank ein, daß er genau zentrisch läuft, was durch die vier erwähnten Flächen kontrolliert wird. Sodann wird der Zapfen auf Maß gedreht. Fig. 32.

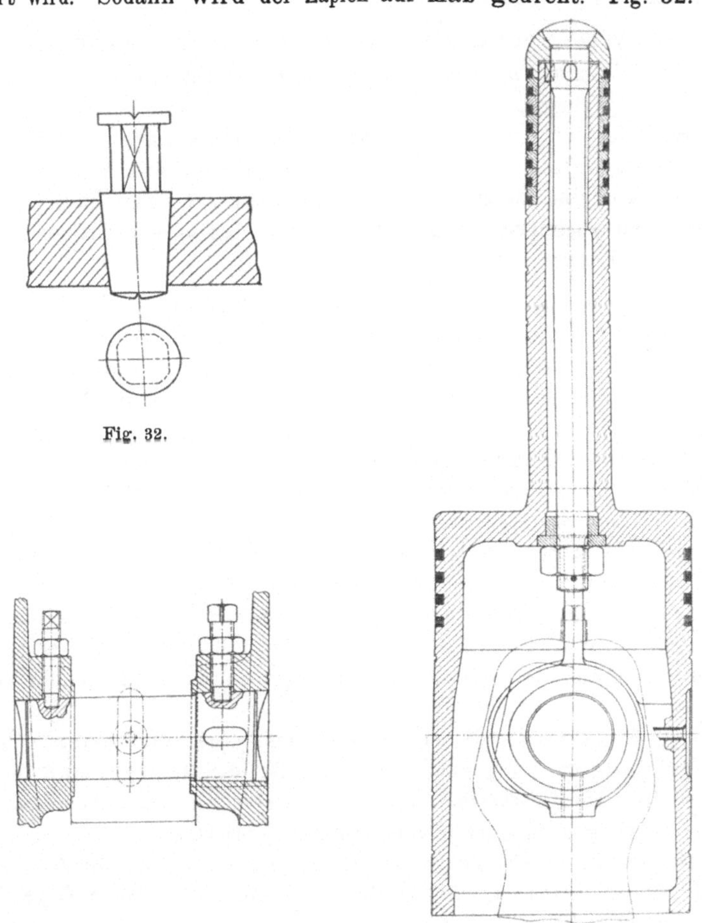

Fig. 32.

Fig. 33.

103. Was sind die Ursachen des Warmlaufens des Kolbenzapfens?

Ein Warmlaufen des Kolbenzapfens kann erfolgen, wenn der Kolben nicht in Wasserwage liegt. Eine weitere Ursache des Warmlaufens des Kolbenzapfens kann unrichtige Schmierung sein.

Für die Schmierung des Kolbenbolzens (Fig. 33) ist eine Nute im Kolben eingedreht; hier sammelt sich Öl von der Zylinderfläche an und gelangt durch ein Schmierloch zur Bolzenoberfläche. Aus den gleichen Gründen wie die Zylinderschmierung kann auch die Schmierung des Bolzens versagen.

Läuft der Kolbenbolzenzapfen warm, so kann sich auch der Kolben erwärmen, sich ausdehnen und — wenn dem Übelstand nicht rechtzeitig abgeholfen wird — auch anfressen.

104. Wie stellt man den Kolben in Wasserwage?

Der Vorgang ist derselbe, wie beim Arbeitszylinder, so daß eine Wiederholung überflüssig erscheint.

Befindet sich der Kolben nicht in Wasserwage, so tritt eine Klemmung des Kolbens ein, was notwendigerweise eine Erwärmung sowohl des Kolbens, als auch des Kolbenzapfens zur Folge hat. Im Falle kleinerer Abweichungen arbeitet sich der Kolben so ein, daß das Warmlaufen nach kurzer Zeit von selbst **aufhört.**

105. Welche Gesichtspunkte sind bei der Montage des Verdichters vor Augen zu halten?

Vor dem Abbau des Verdichters ist das Wasser abzulassen und der schädliche Raum gemäß Punkt 88 zu messen. Entspricht der schädliche Raum den Angaben, so wird er beim Aufbau wieder eingestellt. Wenn die Höhe des schädlichen Raumes den Erfordernissen nicht entspricht, so muß man beim Aufbau durch eine Änderung der Beilage beim Schubstangenkopf am Kurbel entsprechend nachhelfen. Alsdann wird das Verdichtergehäuse abgehoben, worauf der Kolben mit der Pleuelstange ausgebaut werden kann.

Je nach Bedarf werden bei dieser Gelegenheit die Lagerschalen neu eingepaßt, so daß das Spiel zwischen Zapfen und Schale 0,1 mm beträgt.

Bei stehendem Verdichter geht der Aufbau in folgender Weise vor sich:

Der Kolben wird mit der Pleuelstange eingesetzt, sodann das Verdichtergehäuse vorsichtig aufgeschoben. Bei der Montage muß man besonders den Hochdruckkolben mit Aufmerksamkeit behandeln, da sonst derselbe verbogen, ja sogar abgebrochen werden kann.

Beim Aufbau soll die Kolbenfläche etwas eingeölt werden; zuviel Öl soll nicht verwendet werden, da sonst Luft mit großem Ölgehalt in den Zylinder gelangt.

Einfacher gestaltet sich die Montage, wenn Kolben samt Pleuelstange nach unten ausgebaut werden kann, denn hierbei sind die Kolbenringe besser geschont und brechen nicht so leicht.

Bei einem liegenden Luftverdichter kann der Abbau in der Weise vorgenommen werden, daß man das Verdichtergehäuse von der Grundplatte losschraubt, worauf Kolben nebst Stange ausgebaut werden können.

106. Was sind die Folgen einer unrichtigen Kühlung des Verdichters?

Die Wichtigkeit der Kühlung vom Gesichtspunkte des Kraftbedarfes und der Aufrechterhaltung des Betriebes des Verdichters wurde bereits im Punkt 89 erörtert. Aus den angeführten Gründen und um die Kühlung besser überwachen zu können, ist es empfehlenswert, das Wasser durch eine gesonderte Leitung zuzuführen bzw. abzuleiten. Wird zur Kühlung des Verdichters zu hartes Wasser verwendet, so setzt sich Wasserstein, bei anderen Unreinigkeiten sonstige Ablagerungen ab. Hierüber ist alles wesentliche bereits bei der Kühlung des Einsatzzylinders ausgeführt worden. Bei eintretender Verminderung der Kühlwirkung verbrennt das Schmieröl, der Kolben läuft trocken, wodurch ein Anfressen des letzteren erfolgen kann; weiterhin kommt für die Zerstäubung des Brennstoffes warme und unreine Luft zur Verwendung, wodurch die Zerstäubung und die Verbrennung Einbuße erleiden. Die Ventile und Rohrleitungen verkrusten, die Federn glühen aus, und es tritt eine Deformation der Ventilsitze ein.

Bei Frostgefahr ist das Wasser auch aus dem Kühlraum des Verdichters abzulassen; sonst gefriert das Wasser, wodurch ein Zersprengen des Kühlmantels erfolgt. Das Schweißen solcher gesprungener Gußstücke ist sehr schwierig und müssen dieselben daher mit großen Opfern ausgewechselt werden.

107. Wie hoch ist der Probedruck für das Ausprobieren der einzelnen Verdichterteile zu wählen?

Der Niederdruckzylinder und seine Leitungen werden mit 15 Atm. und der Hochdruckzylinder, der Deckel, der Kühler und die zugehörigen Leitungen mit 75 Atm. Druck ausprobiert.

Erfolgt das Ausprobieren dieser Bestandteile am Herstellungsort, so kann man hierfür Wasserdruck verwenden. Nach Reparaturen, die an Ort und Stelle vorgenommen wurden, ist Luft zu verwenden, da in diesem Falle nur hochgespannte Luft zur Verfügung steht.

Die Luft kann durch eine Leitung den Luftgefäßen entnommen werden.

108. Zu welchem Zwecke und wo werden Sicherheitsventile angebracht?

Wie bereits wiederholt erwähnt, können Schmierölexplosionen zu schweren Schäden führen. Gibt man aber mittels eines automatischen Ventiles den hochgespannten Gasen einen Weg ins Freie, so kann eine Explosion vermieden oder doch stark abgeschwächt werden. Diese sogenannten Sicherheitsventile werden für $1^1/_2$fachen Betriebsdruck dimensioniert, so daß sich bei einem solchen Überdruck das Ventil selbsttätig öffnet. Wenn die Sicherheitsventile im normalen Betriebe plötzlich blasen, so muß die Ursache dieser Erscheinung sofort behoben werden, unter keinen Umständen darf ohne nähere Untersuchung einfach die Federspannung so weit erhöht werden, bis das Blasen aufhört.

Die Sicherheitsventile können ihrer Aufgabe nur dann entsprechen, wenn sie sorgfältig behandelt werden, zu welchem Zwecke die Ventile mindestens 1 mal monatlich auszuprobieren sind.

Die Ausprobierung wird in der Weise vorgenommen, daß man das Ventilgehäuse auf einem Probegehäuse befestigt und unterhalb des Ventils Luft mit dem Probedruck einführt, bei dem das Ventil blasen soll. Die Luft wird den Luftgefäßen entnommen und ihr Druck für den Niederdruck entsprechend reduziert. Zum Ausprobieren der in die Hochdruckleitung eingeschalteten Sicherheitsventile dagegen kann man mangels entsprechenden Luftdruckes entsprechende Gewichtsbelastung anwenden, die man auf das Ventil wirken läßt. Wird das Ausprobieren verabsäumt, so kann es vor-

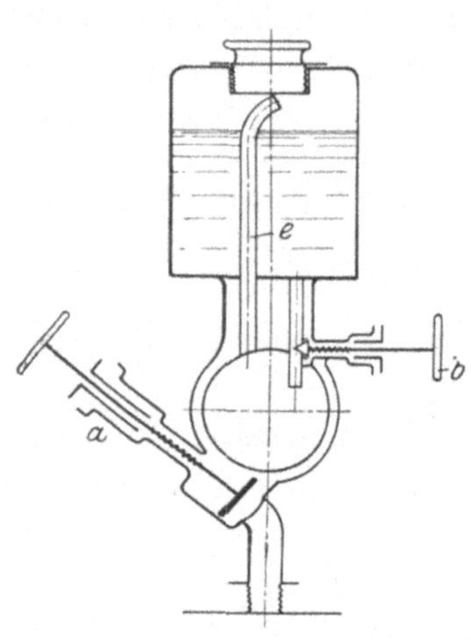

kommen, daß die Ventile festbrennen und im gegebenen Augenblick nicht funktionieren.

Derartige Sicherheitsventile werden außen an den Kühlern und Luftgefäßen auch sehr oft in die Einblaseleitung eingebaut, z. B. bei ganz geschlossenen Einblaseventilen (Bauart Sulzer).

In den Wasserkühlraum pflegt man Brechplatten einzubauen. Diese Platten werden aus dünnem Gußeisen hergestellt und müssen so bemessen werden, daß sie bei Erreichung des gefährlichen Druckes brechen.

Fig. 34.

109. Welche Gesichtspunkte sind bezüglich der Behandlung der Majorschen Schmierapparate zu berücksichtigen?

Bei den Majorschen Apparaten wird das Schmieröl durch den im Zylinder herrschenden Druck tropfenweise in den Zylinder getrieben. Hierbei können die Tropfen durch ein Schauglas beobachtet werden. Da der Apparat unter Druck arbeitet, ist für eine gute Dichtung zu sorgen.

Der Schmierapparat besteht — außer dem Apparatkörper — dem Wesen 'nach aus zwei Absperrventilen und einem Füllloch-Absperrdeckel. Das eine Ventil — a — reguliert die Luftmenge, das andere — b — die Öltropfen. Soll der Absperrdeckel abgenommen werden, so sind beide Ventile abzusperren. Es ist ratsam, zunächst das Ventil b und erst dann das Ventil a (für die Luft) abzusperren. Der Ölraum wird so weit mit Öl gefüllt, daß das Röhrchen e, durch welches die Luft ausströmt, über die Flüssigkeit hinausragt. Der Apparat wird in der Weise in Betrieb gesetzt, daß im Betriebszustand des Verdichters nach dem Einfüllen des Öls das Luftventil und ca. 5 Minuten darauf das Ölventil geöffnet wird.

Erscheint der Öltropfen im Schauglas, so befindet sich der Apparat ordnungsmäßig im Betrieb. (Fig. 34.)

Das Tropfen des Öles hört auf:

1. wenn die Schmieröffnungen verstopft sind und daher keine Luft in den Apparat strömen kann,
2. wenn der Apparat an irgend einer Stelle undicht wird, d. h. Luft entweicht.

Im Falle 1 sind die Löcher gründlich zu reinigen, während im Falle 2 für eine entsprechende Abdichtung zu sorgen ist.

Das Luftventil darf nur langsam geöffnet werden, da sonst das Schauglas springen kann. Ein gesprungenes Glas ist sofort auszuwechseln, und für eine gute Dichtung desselben zu sorgen.

Das Ölventil darf höchstens um $^1/_4$ Umdrehung geöffnet werden, um nicht eine zu reichliche Schmierung mit ihren schädlichen Folgen herbeizuführen.

XIV. Ölverschraubungen, Leitung und Schmierölpumpe.

110. Wie läßt sich die Undichtigkeit der Ölverschraubungen feststellen und was sind die Folgen dieser Undichtigkeit?

Eine Ölverschraubung am Zylinder besitzt doppelte Abdichtung: eine gegen den Verbrennungsraum und eine gegen die Außenluft. (Fig. 35.)

Die Undichtigkeit der Ölverschraubungen gegen den Verbrennungsraum kann man, und zwar an der Einsatzbüchse selbst, in der Weise feststellen, daß man den Kolben in die obere Totpunktslage bringt. Der Wasserabfluß wird mittels eines Blindflansches abgesperrt und Wasser unter vollem Druck in den Kühlraum eingelassen. Ist eine Undichtigkeit vorhanden, so sinkt das Wasser langsam durch und fließt am Einsatz-Zylinder herunter, wobei festgestellt werden kann, welche Verschraubung undicht ist.

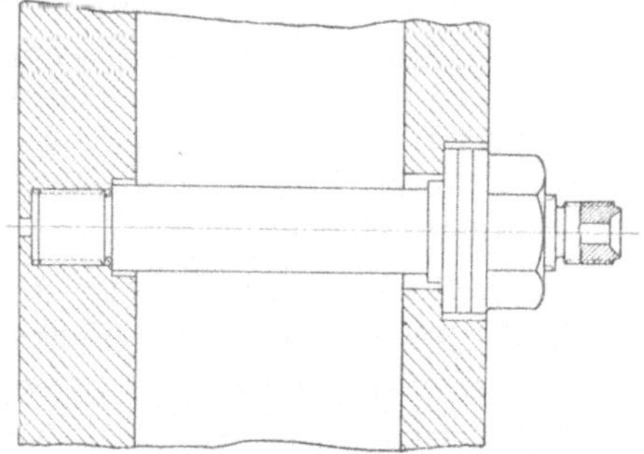

Fig. 35.

Die undichten Verschraubungen werden angezogen. Hilft dies nicht, so ist die Verschraubung auszubauen, das Gewinde mit minisiertem Hanf umzuwickeln, einzuschrauben und fest anzuziehen. Unterläßt man diese Maßnahme, so fließt Wasser bei den Schmierlöchern in den Zylinder und bildet ein Wasserölgemisch, welches zur Schmierung unbrauchbar ist.

Fließt Wasser bei der äußeren Dichtung heraus, so ist die Verschraubungsmutter fester anzuziehen. Hilft dies nicht, so ist die Dichtungsplatte (Bleiplatte) auszuwechseln.

111. Woran erkennt man, daß die Schmierverschraubungen verstopft sind? Was ist die Ursache dieses Übelstandes? Wie ist dieser zu beseitigen?

Die Verstopfung der Verschraubung kann in der Weise festgestellt werden, daß man den Kolben in die obere Totpunktslage stellt, von Hand Öl pumpt und den Einsatzzylinder untersucht. An der Stelle, wo die Schmierung nicht funktioniert, ist der Einsatzzylinder trocken.

Die Ursache der Verstopfungen liegt in der Abnützung des Einsatzzylinders oder in der Undichtigkeit der Kolbenringe. In solchen Fällen blasen die Gase am Kolben entlang hinaus, strömen infolge des Überdruckes in die Schmierlöcher, bei der hohen Temperatur verbrennt das Schmieröl und die Rückstände verstopfen die Löcher, so daß kein Schmieröl mehr durchfließen kann. Bei nicht entsprechender Qualität des Öles wird die Verstopfung noch beschleunigt.

Als eine Folge dieser Erscheinung tritt der Übelstand ein, daß ein Teil der Kolbenoberfläche nicht geschmiert wird, der Kolben läuft teilweise trocken und kann daher anfressen. Durch die erzeugte Wärme wird der Kolben erhitzt, ebenso die die Verschraubung verbindende Ölleitung, da die heißen Gase auch hierher einströmen.

Zur Abhilfe muß verhindert werden, daß die Verbrennungsgase beim Kolben durchströmen; wenn es noch möglich ist, soll man mit neuen Kolbenringen die Dichtung herstellen. Die Verschraubungen mit dem Verteilerstück sind auszubauen und auszuputzen, denn hierbei ist die Reinigung besser durchführbar; auch dürfen die Verunreinigungen nicht auf die Zylinderfläche gelangen.

112. Was ist die Ursache der Verstopfung der Schmierölleitung? Wie kann diese Verstopfung festgestellt werden? Wie kann man diesem Übelstand abhelfen?

Im Punkt 111 wurde die Ursache der Verstopfung der Verschraubungen dargelegt. Aus den gleichen Gründen können sich auch die Rohre verstopfen, was mit einer Erwärmung der Ölleitungen begleitet ist.

In solchen Fällen ist die Rohrleitung auszubauen, auszuglühen und auszublasen.

Bei der Montage der Ölleitung empfiehlt es sich die Leitungen mit Öl auszufüllen, zu welchem Zwecke die Ölpumpe von Hand aus betätigt wird, bis (in der oberen Totpunktslage des Arbeitskolbens) das Öl am Zylindereinsatz an sämtlichen Ölverschraubungsstellen abfließt.

113. Aus welchem Grunde tritt Öl beim Kolben der Schmierölpumpe heraus?

Wenn heiße gespannte Gase in die Ölleitung einströmen, so wird der Gegendruck für die kleine Pumpe zu hoch, so daß das Öl beim Kolben heraustritt.

Eine weitere Ursache kann darin liegen, daß die Stoffbüchse nicht mehr abgedichtet ist, weil die Packung bereits abgenützt ist, so daß eine Auswechselung erforderlich wird; oder aber ist der Kolben schon abgenützt. In diesen Fällen hilft man sich durch Erneuerung der Dichtung oder durch Auswechselung des Kolbens. Ist im letzteren Falle auch die Bohrung abgenützt, so ist diese mittels einer Reibahle zu regulieren, und ein entsprechender, neuer Kolben einzusetzen.

Bleibt die Schmieröllieferung aus, so kann der Kolben, der Zapfen oder event. auch beide anfressen.

114. Welchen Ursachen ist es zuzuschreiben, wenn die Schmierölpumpe kein Öl liefert?

Die Ursachen sind die folgenden:
1. Die Kolben sind abgenützt;
2. die Packung ist unbrauchbar geworden;
3. die Druckventile dichten nicht (dieselben sind in der bekannten Weise einzuschleifen);
4. die Schmieröffnungen sind verstopft;
5. die Druckleitung ist verstopft;
6. die zur Pumpe führende (Saug-) Leitung hat sich verstopft, oder verbogen, so daß das Öl neben der Zuflußstelle herausfließt;
7. die Tropföler funktionieren nicht;
8. während der kalten Jahreszeit erstarrt das Öl in den Leitungen, so daß beim Anlassen der Maschine bzw. zu Beginn des Betriebes kein Öl geliefert wird.

115. Was sind die Folgen, wenn der Ölpumpenantrieb Unregelmäßigkeiten aufweist?

Die Kolbenschmierölpumpen werden in vielen Fällen durch Schwinghebel vom Kolben aus angetrieben. Mit der Zeit tritt ein Verschleiß an den Zapfen oder den Büchsen ein. Dieser Umstand kann die Öllieferung dadurch beeinträchtigen, daß die gelieferte Ölmenge zufolge Hubverkleinerung zu gering wird.

Der abgenützte Teil ist auszuwechseln.

XV. Vorzündung.

116. Was ist der Zweck der Vorzündung und wie wird das Maß derselben kontrolliert?

Die Kompression im Verbrennungszylinder endet im oberen Totpunkt, in dem die Zündung beginnt. Es ist nun von besonderer Wichtigkeit, daß der Übergang zwischen Kompression und Zündung gleichmäßig, stoßfrei vor sich geht, weshalb eine Einleitung der Zündung vor dem Totpunkt: die sogenannte Vorzündung, angewendet wird. Durch diesen Übergang kann ein plötzlicher Druckwechsel im Gestänge der Maschine vermieden werden; dies ist ein wichtiger Umstand, denn die fraglichen

Drücke kommen eben im Totpunkt mit voller Kraft zur Geltung und vergrößern in ungünstiger Weise die Belastung der einzelnen Teile der Maschine.

Die Verbrennung mit Vorzündung geht in der Weise vor sich, daß ein geringer Teil des Brennstoffes vor, der größere Teil aber nach dem Totpunkte eingeblasen wird.

Ob die Vorzündung richtig verläuft, kann an den Indikatordiagrammen kontrolliert werden, wo beim Totpunkt von der annähernd vertikal verlaufenden Kompressionslinie ein gleichmäßiger Übergang zu der angenähert horizontal verlaufenden Verbrennungslinie zu ersehen ist. Es sei bemerkt, daß die Vorzündung bei Dieselmaschinen in Graden ausgedrückt kleiner ist als bei anderen Verbrennungsmaschinen und schon geringe Änderungen in der Vorzündung wesentliche Änderungen des Verbrennungsvorganges nach sich ziehen.

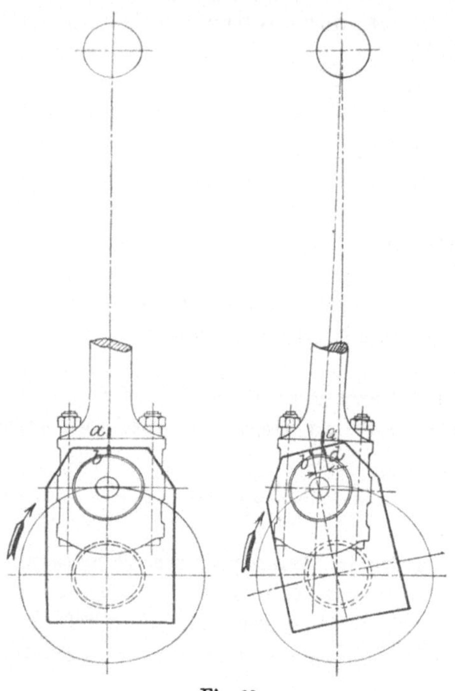

Fig. 36.

Die richtige Einstellung der Vorzündung erfolgt an Hand des Indikator-Diagramms; sie kann sich jedoch mit der Zeit durch Verschleiß der Nocke usw. verstellen, weshalb sie von Zeit zu Zeit kontrolliert werden muß. Die Art der Kontrolle wird seitens der Maschinenlieferantin angegeben; erwünscht ist eine solche Methode, daß die Untersuchung rasch und bequem durchführbar ist.

Eine derartige Methode zeigt Fig. 36. An der Pleuelstange ist eine Marke — a —, an der Fläche des Kurbelschenkels aber zwei Marken — b, d — angebracht. Fällt die Marke a mit der Marke b zusammen, so befindet sich der Kolben im Totpunkt. Wird nun der Kurbelschenkel so weit gedreht, daß die Marke d mit a zusammenfällt, so ist die Vorzündung eingestellt. Die Strecke b, d gibt das Maß der Vorzündung an. Beginnt in der eingestellten Lage Luft durch die Brennstoffdüse zu strömen, so ist die Vorzündung richtig eingestellt und zwar ist ein Zischen der Luft bei eingehängtem Entlüftungshebel, bzw. durch den Indikatorhahn hörbar. Es ist bei der Einstellung darauf zu achten, daß ein entsprechendes Spiel zwischen Rolle und Nocken vorhanden sei. Auch soll der Nadelhub dem vorgeschriebenen Maß entsprechen.

117. Wie kann die Vorzündung während und außer dem Betriebe geändert werden?

Während des Betriebes soll die Vorzündung nur dann geändert werden, wenn probeweise, um die richtige Vorzündung zu finden, eine Berichtigung der Indikator-Diagramme herbeizuführen ist. In solchen Fällen kann man die Vorzündung in der Weise bequem ändern, daß man dünne Platten zwischen die Einstellmutter der Brennstoffnadel und den Hebel legt. Natürlich kann diese Einstellung nicht endgültig belassen werden, sondern ist für den Betrieb durch eine fixe Einstellung zu ersetzen.

Steht die Maschine still, so kann die Einstellung der Vorzündung auch durch Änderungen an der Nocke oder durch entsprechende Nachstellung der Einstellmutter vorgenommen werden.

Ein Nachstellen der Vorzündung ist notwendig, wenn sich die Einstellmuttern verstellt haben oder die Zündnocke einen Verschleiß erlitten hat. Diese Zündnocke wird in die Nockenscheibe in der Weise genau eingepaßt, daß die Einstellung einem guten Verlauf der Verbrennung entspricht, alsdann wird die Nocke gehärtet und auf ihren Platz zurückgebaut. Ist der Verschleiß der Nocke nach längerer Betriebszeit erheblich, so muß ihre Auswechslung stattfinden.

118. Welche Folgen hat eine unrichtige Vorzündung?

Die unrichtige Vorzündung zeigt sich darin, daß der Zeitraum, in welchem die Zündung eingeleitet wird, entweder zu lang oder zu kurz ist, ja sogar über den entsprechenden Totpunkt hinaus liegen kann. Ist die Vorzündung groß, d. h. strömt vor dem Totpunkt viel Brennstoff in den Verbrennungsraum, so geht die Verbrennung bei annähernd unverändertem Volumen vor sich, was eine starke Druckerhöhung im Gefolge hat und eine ungünstige Mehrbelastung der Maschinenteile nach sich zieht. Der Verbrennungsdruck kann sich so auf 45 Atm. und mehr steigern, während der zulässige Druck nicht mehr als 35—37 Atm. betragen soll.

Wenn die Vorzündung zu klein, ja sogar negativ ausfällt, d. h. die Zündung erst nach dem Totpunkt eingeleitet wird, so wird die Verbrennung unvollkommen, weil Nachbrennen stattfindet, wobei die Maschine raucht. In solchen Fällen schlagen nicht selten Flammen aus dem Auspuffrohr heraus. Die Diagramme zeigen die mangelhafte Vorzündung. Das Nachbrennen ist an dem hohen Expansionsenddruck (5—7 Atm., je nach der Belastung) erkennbar.

Bei kleiner oder negativer Vorzündung ist auch das Anlassen der Maschine, insbesondere kleinerer Einheiten, sehr erschwert.

XVI. Steuerung.

119. Was ist die Ursache der Abnützung der Nockenscheibe und der dazugehörigen Rolle?

Wird der Bolzen der Ventilheberolle nicht entsprechend geschmiert, so frißt sich der Bolzen so ein, daß sich die Rolle nicht drehen kann, sondern nur gleitet, was einen Verschleiß des Nockens, sowie der Rolle selbst herbeiführt.

Die Nockenscheibe verschleißt an der Stelle, wo die Rolle aufläuft, da hier eine stoßartige Berührung und gleichzeitig eine Art Schleifen der Rolle stattfindet. An dieser Stelle entsteht eine Vertiefung, wodurch sich der Zeitpunkt der Ventilöffnung verschiebt, so daß der Zeitraum, während welchem das Ventil geöffnet ist, verkürzt wird. Man hilft sich in der Weise, daß man — um den Ausbau der Nockenscheibe von der Steuerwelle zu vermeiden — die entsprechende Stelle abfräst, eine Stahlplatte mit Schwalbenschwanz einpaßt und diese mittels versenkter Schrauben befestigt.

120. Welches ist die normale Drehrichtung bei Dieselmaschinen? Wie erreicht man, daß sich die Maschine in entgegengesetzter Richtung dreht? In welchem Verhältnis steht die Umlaufszahl der Steuerwelle zu jener der Hauptwelle? (Fig. 37.)

Wenn man vor der Maschine auf der Seite der wagerechten Steuerwelle mit dem Gesicht zu ihr gewendet steht, so dreht sich die Hauptwelle von dem Beobachter hinweg. Die wagerechte Steuerwelle selbst dreht sich gegen den Beobachter zu. Die beiden Wellen drehen sich daher in entgegengesetzten Richtungen. Will man, daß sich die Hauptwelle in der anderen Richtung dreht, natürlich aber unter Beibehaltung der Drehrichtung der wagerechten Steuerwelle, wobei also beide Wellen die gleiche Drehrichtung haben, so genügt hierzu bei 1-, 2- und 4 zylindrigen Maschinen ein Austausch des Schraubenräderpaares auf der Hauptwelle, bzw. der lotrechten Steuerwelle und zwar muß an Stelle des linksgängigen unteren Räderpaares ein rechtsgängiges verwendet werden. Das obere Räderpaar bleibt linksgängig.

Die lotrechte Steuerwelle hat die gleiche Umlaufszahl, wie die Hauptwelle, die wagerechte Steuerwelle aber nur die Hälfte derselben.

121. Was ist die Ursache der seitlichen Bewegung der wagerechten Steuerwelle?

Die wagerechte Steuerwelle erleidet durch das Schraubenrad einen seitlichen Schub. Um diesen Schub aufzufangen, muß die Welle im Lager eines Steuerbockes festgehalten werden. Mit der Zeit erleidet der zu dieser Festhaltung dienende Bund an der Steuerwelle einen Verschleiß und die Welle eine seitliche Bewegung, wodurch die Nockenscheiben sich einseitig abnützen, die Schraubenräder unruhig laufen und beim Exzenter der Brennstoffpumpen ein solcher Verschleiß herbeigeführt wird, daß sich die Welle frei bewegt und sich der Exzenterbügel übermäßig erwärmt.

In solchen Fällen muß der Bund entweder erneuert, oder durch Ansetzen eines zweiteiligen Ringes verstärkt werden.

122. Welche Betriebsstörungen kann die lotrechte Steuerwelle hervorrufen?

Bei der lotrechten Steuerwelle kann das Spurlager zu Betriebsstörungen führen und zwar schon aus dem Grunde, weil es in der Grundplatte versenkt liegt und daher sein Zustand durch das Bedienungspersonal nicht unmittelbar überwacht werden kann. Bei Mangel an Schmieröl fressen sich die gehärteten Spurflächen ein.

Auch das in der Grundplatte gelegene Halslager der lotrechten Welle muß entsprechende Schmierung erhalten, sonst geht auch hier ein Einfressen vor sich.

Sein besonderes Augenmerk muß man darauf richten, daß die lotrechte Welle gut gelagert sei. Ein Zeichen dieser guten Lagerung ist es, wenn die Schraubenräder ruhig laufen, die Welle nicht schlägt und mit dem aufgekeilten Regler zentrisch läuft.

Ist durch Verschleiß Spiel in einem Lager eingetreten, so muß dieses sofort nachgepaßt werden, sonst ist der gute Gang der Schraubenräder gefährdet.

123. Was ist die Ursache des geräuschvollen Ganges der Schraubenräder?

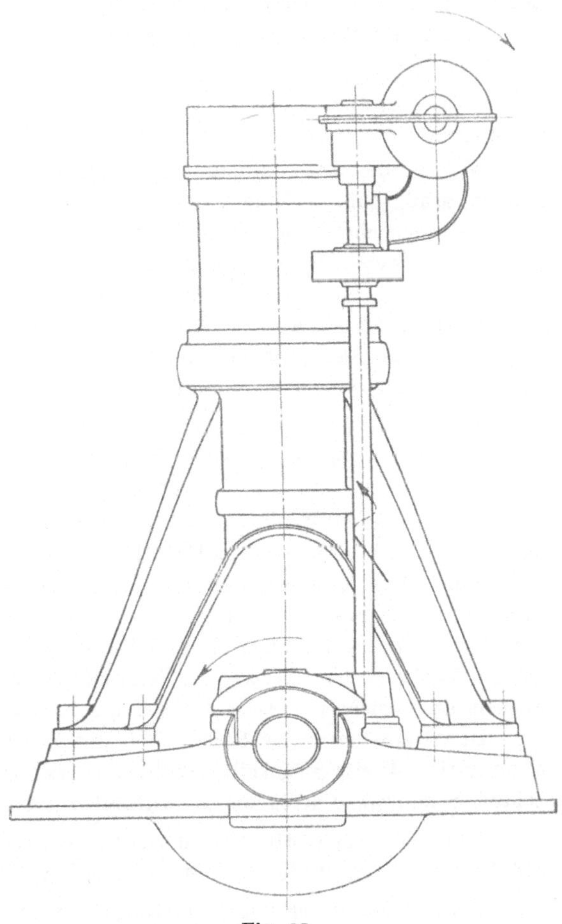

Fig. 37.

Das fragliche Geräusch wird durch das Spiel zwischen den Rädern verursacht, welches durch Verschleiß oder auch durch falsche Montage der Wellen herbeigeführt werden kann und zwar liegen entweder die Mittellinien der Räder nicht entsprechend zueinander, oder die Abstände entsprechen nicht den Rädermitten.

Gegen den Räderverschleiß hilft nur eine gute Schmierung, wozu bei dem unteren Räderpaar Öl, beim oberen konsistentes Fett (Tovot) zu verwenden ist. Das Schmiermaterial muß häufiger erneuert werden, sonst mischt sich dasselbe mit dem feinen Eisenpulver, welches bei dem Verschleiß entsteht und weiteren Verschleiß hervorruft. Natürlich muß zwischen den Räderzähnen ein Spiel (von 0,1—0,2 mm) belassen werden, damit das Schmiermaterial zwischen die Zähne gelangen kann.

Falls die Wellen unrichtig liegen, so muß der Fehler unbedingt beseitigt werden.

124. Wann müssen die Schraubenräder ausgewechselt werden?

Wenn die Zähne infolge versäumter Nachpassung dermaßen abgenützt sind, daß ein Nachstellen nichts mehr nützen würde, oder wenn Zähne abgebrochen sind, so müssen die Schraubenräder, um eine genaue und ruhige Steuerung zu erreichen, unbedingt ausgewechselt werden.

Es kann aber der Fall eintreten, daß bei einer Erweiterung der Anlage die Drehrichtung der Maschine geändert werden soll. In solchen Fällen ist das Räderpaar bei der Hauptwelle gegen ein andersgängiges Schraubenräderpaar auszutauschen.

125. Wie erfolgt die Auswechselung der Schraubenräder?

Bei der Auswechselung der Schraubenräder muß die Bohrung genau nach Stichmaß des Wellenteiles, auf dem das Rad sitzt, hergestellt werden. Die Keilnute kann erst nach entsprechender Einstellung der Steuerung hergestellt, d. h. angerissen und nachher ausgearbeitet werden.

Zum Austausch der Räder, die die Bewegung auf die wagerechte Steuerwelle übertragen, wird die Steuerung richtig eingestellt und die Räder werden — bei unveränderter Beibehaltung der Lage der wagerechten Welle — miteinander, in Eingriff gebracht und gleichzeitig zusammen angezeichnet. Alsdann wird die Keilnute angerissen.

Beim Austausch der Räder bei der Hauptwelle werden die Räder in normaler Weise aufgekeilt, während das Schraubenrad an der wagerechten Steuerwelle durch neues Aufkeilen genau eingestellt wird.

126. Wie geht die Ab- und Aufmontierung der Ventilhebel und Ventile bei stehenden Maschinen vor sich?

Die Abmontierung der Ventilhebel geschieht folgendermaßen:
1. Die hochgespannte Luft wird aus dem Brennstoffventilgehäuse herausgelassen, das Federgehäuse und die Nadel werden ausgebaut.
2. Die Zugfedern an den Ventilhebeln werden abgenommen.
3. Die Ventilhebel werden abmontiert.
4. Die Ventile werden der Reihe nach ausgebaut, gründlich gereinigt und eventuell gegen die Reserveventile ausgewechselt. Diese Auswechslung ist sehr empfehlenswert, da die Ventile durch Ausruhen sehr geschont bleiben.

Das Aufmontieren geschieht in folgender Weise:

1. Sämtliche Ventile werden wieder eingebaut und die Flanschen gleichmäßig angezogen.
2. Die Nadel wird eingebaut; zugleich wird untersucht, ob sie sich nach Anziehen der Stopfbüchsenverschraubung leicht bewegt.
3. Die Ventilhebel werden auf ihren Platz montiert.
4. Die Ventilhebelfedern werden angebracht.
5. Die Vorzündung wird nachgeprüft. Hierbei ist gleichzeitig zu beachten, daß das Spiel zwischen Nockenscheibe und Hebelrolle das zulässige Maß nicht überschreitet.

127. Welche Folgen stellen sich ein, wenn die Wärmeausdehnung der Ventilspindel nicht durch genügendes Spiel an der Rolle berücksichtigt würde?

Liegt die Hebelrolle bei kalter Maschine auf dem runden Teil der Nockenscheibe auf, so werden Auspuff- und Einsaugeventil bei eintretender Erwärmung geöffnet bleiben. Hierdurch entweicht Kompressionsluft, demzufolge der Brennstoffverbrauch unnützerweise erhöht wird. Die Sitzflächen der Ventile verbrennen, da sie der hohen Temperatur ausgesetzt sind. Auch beim Einblaseventil ist das Spiel an der Rolle genau zu beachten, obzwar hier nicht bei anliegender Rolle das Ventil geöffnet bleibt, da die Erwärmung eine Vergrößerung des Spieles zur Folge hat; doch ist der genaue Eintrittspunkt der Zündung von Bedeutung.

XVII. Brennstoffverteiler.

128. Welchem Zweck dient der Brennstoffverteiler?

Wenn nur eine Brennstoffpumpe mit einem Kolben für zwei bzw. mehrere Zylinder Brennstoff liefern soll, so muß zur Verteilung des Brennstoffes nach den einzelnen Zylindern ein besonderer Verteiler eingeschaltet werden, durch den die einzelnen Zylinder ihrer „individuellen" Beschaffenheit entsprechend die Brennstoffmenge zugemessen bekommen.

Da der Brennstoff schon vor dem Einspritzen im Brennstoffventil eingelagert sein muß, und es nicht empfehlenswert ist, während des Einspritzens weiteren Brennstoff zu pumpen, weil dabei die Güte der Mischung gefährdet ist, so steht für die Brennstoffförderung bei Einzylindermaschinen der Weg über 3 volle Hübe = 540°, bei Zweizylindermaschinen über 1,5 Hübe = 270° des Hauptkolbens zur Verfügung. Wird die Pumpe von horizontaler Steuerwelle aus angetrieben, so erstreckt sich die Druckperiode der Pumpe stets auf einen Kolbenhub, d. h. auf 180°. Hieraus folgt, daß bei einem Kolben die zur Verfügung stehende Zeit für 2 Zylinder, die Reihenfolge (versetzte Anordnung) der Kurbeln in Betracht genommen, noch reichlich genügt. Bei einer Dreizylindermaschine wäre dagegen schon die Lieferung der Brennstoffmenge in der zur Verfügung stehenden Zeit nicht mehr voll möglich, obzwar für jeden Zylinder noch 1 Hub zur Verfügung stände, von dem jedoch je eine Einspritzperiode von ca. 45°

in Abzug kommt. Da jedoch die Pumpe ein Mehrfaches des benötigten Brennstoffes pumpt, also nur auf einem Bruchteil des Druckhubes wirklich fördert — während der übrigen Zeit wird durch den Regulator das Saugventil offen gehalten — so kommt man auch bei 3 Zylindermaschinen noch gut mit nur 1 Pumpe und dem Verteiler aus.

Die Anwendung von Verteilern bietet den Vorteil, daß eine bzw. 2 Pumpen fortgelassen werden können, wodurch eine Vereinfachung der ganzen Maschinenlage (Leitung, Regulierung usw.) erreicht werden kann.

Ein Verteiler besteht im wesentlichen:

1. aus einem Absperrventil, das zugleich als Regulierventil. gilt, durch welches die Brennstoffmenge den Anforderungen entsprechend fein eingestellt werden kann.

Um aber die Menge noch feiner einstellen zu können, besitzt der Verteiler noch

2. eine Düsenöffnung von ganz kleinem Durchmesser (1—2 mm), die alsdann bei der Einstellung der Füllung dem Bedarf entsprechend eingestellt werden kann.

Ein Nachteil des Verteilers besteht darin, daß, wenn infolge Undichtigkeiten der Pumpe der Brennstoff ausbleibt, ein sehr rascher Abfall der Umlaufszahl. eintritt, weil die Förderung zugleich bei allen an den Verteiler geschalteten Zylindern vermindert wird.

129. Wie wird der Verteiler eingestellt?

Der Verteiler hat für jede Belastung die entsprechende Brennstoffmenge den Zylindern zukommen zu lassen. Stellt man aber den Verteiler so ein, daß für die Zylinder z. B. bei voller Belastung die gleiche Füllung bewirkt, d. h. eine gleich große Diagrammfläche erzeugt wird, so kann bei einer kleineren Belastung eine (für beide Zylinder) gleiche Diagrammfläche nur durch eine neuerliche Einstellung des Verteilers erreicht werden. Hieraus folgt, daß ein Verteiler zweckmäßig nur in solchen Betrieben anwendbar ist, wo die Belastung möglichst unverändert bleibt

Die richtige Einstellung des Verteilers kann durch die Vergleichung der Größe der Diagrammfläche festgestellt werden, wozu ein Indizieren und Planimetrieren der aufgenommenen Indikator-Diagramme erforderlich ist.

130. Welche Betriebsstörungen kommen beim Verteiler vor und wie werden diese beseitigt?

Betriebsstörungen können dadurch eintreten, daß sich eine Düsenöffnung verstopft, wodurch die Brennstofflieferung für den betreffenden Zylinder aufhört und alsdann die anderen Zylinder überlastet werden. Zum Stillstand kommt die Maschine erst dann, wenn sich durch Zufall alle Öffnungen auf einmal verstopft haben sollten. Auf die Reinhaltung des Brennstoffes muß man also auch hier sein besonderes Augenmerk richten.

Bei unreinem Brennstoff kann die Düsenöffnung im Laufe der Zeit einen Verschleiß erleiden, was eine ungleichmäßige Brennstoffverteilung und notwendigerweise eine Mehrbelastung eines Zylinders im Gefolge hat; dies kann daran erkannt werden, daß sich einer der Zylinder stärker erwärmt. Indiziert man die einzelnen Zylinder, so kann die Ursache der Erwärmung durch den Unterschied der Leistung sofort festgestellt werden.

XVIII. Auspuffrohr und Auspufftopf.

131. Welchem Zwecke dient der Auspufftopf und welche Gesichtspunkte sind für den Bau desselben zu berücksichtigen?

Die mit hoher Geschwindigkeit durch ein Rohr ausströmenden Auspuffgase verursachen beim Austritt einen schußartigen Knall. Um dieses Geräusch zu dämpfen, wird in das Auspuffrohr ein gußeiserner Topf eingeschaltet; bei größeren Maschinen verwendet man auch aus Eisenbeton bestehende Kammern. Dieser Topf vermindert durch seine plötzliche Raumvergrößerung die Geschwindigkeit der Gase, die nun aus diesem Gasakkumulator mit einer viel geringeren, aber gleichmäßigeren Geschwindigkeit ausströmen, wodurch der Knall abgeschwächt wird.

In den Auspufftopf pflegt man eine gelochte Platte einzusetzen, um den Gasstrom zu brechen. Durch Rauch- und Ölkrusten verstopfen sich allmählich die Löcher der Platte, so daß der Durchgangsquerschnitt verkleinert und hierdurch der Auspuff gedrosselt wird, was notwendigerweise eine ungünstige Rückwirkung auf die Maschine ausübt, da die im Zylinder in größerer Menge zurückbleibenden Gase die Ansaugung der nötigen Verbrennungsluftmenge verhindern; es muß sich also die Leistung beträchtlich vermindern.

Auch sammelt sich im Topf — besonders beim Anlassen — Wasser, Brennstoff, Schmieröl, Ruß usw. an. Diese Rückstände müssen von Zeit zu Zeit abgelassen werden, denn es kann sich auch hier ein Luft-Öldampfgemisch bilden, welches sich sodann nach Erreichung der nötigen Temperatur entzündet. Es sei auch erwähnt, daß sich im Topf infolge Nachbrennens oder Verbrennung einer zu großen Brennstoffmenge (beim Anlassen) eine Flamme bilden kann, welche bei Vorhandensein eines aus den Rückständen gebildeten explosiblen Gemisches eine Explosion und Zertrümmerung des Topfes nach sich zieht. Größere Wasseransammlung kann bei event. Einfrieren eine Sprengung des Topfes im Gefolge haben.

132. Welchem Umstande ist ein Zerfressen der Rohrleitung oder des Topfes zuzuschreiben?

Enthält der Brennstoff Schwefel, so entsteht nach der Verbrennung eine aus Schwefel und Sauerstoff bestehende Verbindung (SO_3), die an sich zwar unschädlich ist, in Gegenwart von Wasser bei Temperaturen zwischen 90—100° C. aber zur Bildung von schwefliger Säure führt, die das Eisen angreift. Bei der Verbrennung des Brennstoffes bildet sich bekanntlich auch Wasser, das in den Auspuffgasen in Dampfform vorhanden ist, der sich bei kaltem Topf bzw. kalter Rohrleitung niederschlägt und so die zur Säurebildung nötige Bedingung schafft. Diese Säure greift das Material an und führt mit der Zeit ein Durchlochen des Rohres bzw. des Topfes herbei. Besonders gefährdet sind die Stellen, an denen der Gasstrom eine Richtungsänderung erfährt (z. B. in Krümmern), da sich hier leicht Rückstände ablagern.

Für den Brennstoff ist deshalb die Forderung aufgestellt worden, daß er nicht mehr als $1\,{}^0/_0$ Schwefel enthalten darf.

133. Welche Gesichtspunkte sind für die Instandhaltung der Auspuffrohre maßgebend?

Als Material der Auspuffrohre ist bei kleineren Einheiten (unter 30 PS.) ein „Gasrohr" gebräuchlich; nur der an den Deckel angeschlossene Krümmer, der dort auch noch den heißen Gasen ausgesetzt ist, wird aus Gußeisen hergestellt. Für mittlere Einheiten (bis 60 PS.) wird die ganze Auspuffrohrleitung gewöhnlich aus Gußeisen hergestellt. Bei größeren Einheiten müssen die Auspuffrohre, um das Material zu schonen und die unangenehme Wärmestrahlung zu vermeiden, gekühlt werden, zu welchem Zweck man das Wasser vom Deckel und dem gekühlten Auspuffventil in den Kühlraum des Auspuffrohres strömen läßt. Eine Isolierung empfiehlt sich nicht, denn diese schützt zwar gegen die äußere Wärmeausstrahlung, doch wird hierdurch das Rohrmaterial nicht geschont; auch kann die Maschine — wie die Erfahrung lehrt — eine ungünstige Rückwirkung erleiden.

Der Kühlraum des wassergekühlten Rohres muß zeitweise gereinigt und bei Gefahr des Einfrierens das Wasser durch einen zu diesem Zwecke vorgesehenen Hahn abgelassen werden.

Im Auspuffrohr setzen sich allmählich Krusten an, die eine lichte Weite vermindern.

Es empfiehlt sich bei Mehrzylindermaschinen, um das Rauchen, d. h. die unvollkommene Verbrennung der einzelnen Zylinder feststellen zu können, an jedem Auspuffkrümmer am Zylinderdeckel einen Probehahn anzubringen.

Die Anordnung der Maschinenanlage erfordert oft eine sehr lange Auspuffleitung, besonders dann, wenn die Maschine unter Gebäuden in Kellerräumen aufgestellt und die Auspuffleitung über mehrere Stockwerke hinausgeführt werden muß. Derartig lange Leitungen verstopfen sich rascher, da lange Leitungen sich auch im Betriebe nicht so erwärmen, daß die Rückstände ausgebrannt würden. Es sind deshalb besondere Reinigungsöffnungen vorzusehen, durch die auch ein künstliches Ausbrennen der Leitung vorgenommen werden kann. Man achte in solchen Fällen auch noch besonders auf Vermeidung unnötig vieler Krümmer.

XIX. Luftgefäße.

134. Welchem Zwecke dienen die Luftgefäße?

Bei Dieselmotoren werden Hochdruckluftflaschen verwendet, gewöhnlich 1 Einblase- und 2 Anlaßluftgefäße.

Folgende Erwägungen haben zur Einführung eines Einblasegefäßes geführt:

1. Beim Anlassen, wenn der Verdichter noch nicht in der Lage ist, Zerstäuberluft zu erzeugen, steht in der Einblaseflasche schon eine gewisse Zerstäuberluftmenge zur Verfügung. Auch ist man dadurch in den Stand gesetzt, mehreremale hintereinander anlassen zu können, ohne Luft vom Kompressor zu erhalten.

2. Dadurch, daß man im Gefäß über eine bestimmte Menge Einblaseluft verfügt, ist man in der Lage, bei kleineren Störungen des Verdichters den Betrieb für eine kurze Zeit weiter aufrecht zu erhalten.

3. Man ist in der Lage, die Luft reinigen zu können.

Im Anlaßgefäß ist die für das Anlassen erforderliche Luft aufgespeichert; in Anbetracht der Wichtigkeit des Anlassens und mit Rücksicht darauf, daß aus dem Gefäß die Luft entweichen kann oder durch mangelhaftes Anlassen viel Luft verbraucht wird, ist ein 2. Gefäß als Reserveanlaßgefäß vorzusehen. Hat aber eine Anlage mehrere Motoren, so ist ein Reserveanlaßgefäß nicht erforderlich, wenn die Anlaßgefäße alle miteinander verbunden sind. Aus dem Reservegefäß wird auch die Einblaseflasche wieder aufgefüllt, wenn der Druck in derselben zu tief gesunken sein sollte.

135. Wie hilft man sich, wenn ein Ventil undicht ist?

Zur Vornahme einer Reparatur ist die Luft aus dem Gefäße herauszulassen. Die Reparaturen an dem Anlaßgefäß müssen möglichst während des Betriebes vorgenommen werden, da alsdann ihre sofortige Wiederauffüllung möglich ist. Beim Einblasegefäß ist die Reparatur während des Stillstandes der Maschine vorzunehmen; die abgelassene Luft ist aus dem Reserveanlaßgefäß zu ersetzen.

Ist ein Absperrventil undicht geworden, so muß der Konus an der Ventilspindel auf der Drehbank nachreguliert werden, zugleich ist der Sitz bei geringem Verschleiß mittels einer Reibahle nachzureiben und mit einem Stahldorn anzuschleifen. Steht keine Reibahle zur Verfügung, so kann man ein entsprechendes Kegelstück aus hartem Holz anfertigen und an demselben Schmirgelleinwand anleimen. Hat sich der Ventilkonus mit der Zeit sehr stark abgenützt, so empfiehlt es sich, denselben auszuwechseln.

136. Wie hilft man sich, wenn sich die Ventilspindel festgeklemmt hat, so daß ein Öffnen des Ventils unmöglich ist?

Bei den Anlaßgefäßen ist an der Handradnabe der Anlaßspindel ein viertel Teil des Umfanges ausgespart, so daß das Handrad $^1/_4$ Umdrehung machen kann, ohne daß sich das Ventil öffnen könnte. Durch diese Beweglichkeit kann man dem schweren Handrad event. einen solchen Schwung erteilen, daß das Öffnen vor sich geht. (Fig. 38.)

Läßt sich dieses Ventil trotzdem nicht öffnen, oder kann man die übrigen Ventilspindeln nicht öffnen, so kann man sich in der Weise helfen, daß man das äußere Schraubenspindelgehäuse mittels Schlüssels anzieht, wodurch die Spindel an den Sitz stärker angedrückt und hierdurch dieser von seinem Gehäuse etwas gelöst wird.

Es ist darauf zu achten, daß die Spindel nur so weit angezogen wird, daß das Ventil gut auf seinem Sitz aufliegt. Gewalt darf nicht angewendet werden und ist auch überflüssig, denn wird durch ein Ventil Luft abgeblasen, so kühlen sich sowohl die Luft wie auch die Sitze stark ab. Wird in solchen Fällen das Ventil stark an seinen Sitz gedrückt, so wird es nach der auf die Abkühlung folgenden Erwärmung durch seine Ausdehnung noch stärker eingezwängt, so daß das Öffnen sehr erschwert wird. Nach einem Abblasen steigt der Druck am Manometer selbsttätig um 2—3 Atm., ein Zeichen der Erwärmung der Luft.

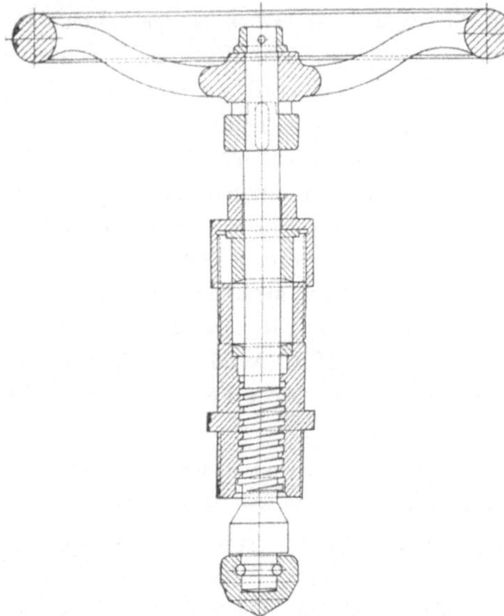

Fig. 38.

137. Welche Umstände machen eine Abnahme der Flaschenköpfe erforderlich?

Wenn die Abscheidungen aus der Luft (Öl- und Wassergemisch) nicht mehr durch das übliche Abblasen entfernt werden können, so muß man die Flaschenköpfe herunternehmen. Dies kann der Fall sein, wenn sich die Ablagerungen verhärtet haben, das Abblaserohr verstopft oder gebrochen ist. Die Ansammlung des Kondensats hat zur Folge, daß ungereinigte Luft durch die Leitungen dem Brennstoffventil zuströmt, wodurch sich die Leitungen und die Düsenöffnung verstopfen können. Auch kann es zu einer Explosion kommen, wenn durch Übertritt von heißer Luft in die Flaschen ein Öldampf-Luftgemisch entsteht.

Das Abblasen der Luft muß man je nach den Betriebsumständen in bestimmten Zeitabständen während des Betriebes vornehmen; kommt kein Schlamm zum Vorschein, so ist dies ein Zeichen dafür, daß das Ausblaserohr abgebrochen ist. Wird überhaupt nichts ausgeblasen, so ist das Abblaserohr verstopft. In solchen Fällen muß der Kopf abmontiert und das Rohr erneuert bzw. gereinigt werden.

Je mehr Verunreinigungen im Gefäß vorhanden sind. um so weniger Luft kann darin aufgespeichert werden. Dieser Umstand ist namentlich für das Anlaßgefäß zu berücksichtigen und zwar besonders zur Winterszeit, wenn die Zündung durch die Kälte erschwert ist und vielleicht ein öfteres Anlassen erforderlich sein kann. Fällt der Manometerzeiger beim Anlassen rasch, so ist dies ein Beweis dafür, daß der Luftraum durch Schmutzansammlung stark reduziert ist. Nach Demontage der Flaschenköpfe müssen alle Verunreinigungen gründlich entfernt werden, wozu das beste Mittel ist, die Gefäße mit Dampf auszublasen.

138. Welches sind die Ursachen der in den Gefäßen auftretenden Explosionen?

Zur Explosion ist heiße Luft — die infolge mangelhafter Luftkühlung entsteht —, ferner Öl (Schmieröl) oder Brennstoff notwendig, die infolge mangelhafter Schmierung bzw. Undichtigkeit des Brennstoff-Absperrventiles in das Gefäß gelangen können. Wurden diese nicht rechtzeitig abgeblasen, so werden sie durch die heiße Luft verdampft, wodurch ein explosibles Gemisch entsteht. Die Explosionen verursachen eine Zertrümmerung des Rohres und des Gefäßkopfes.

Sind keine Öldämpfe vorhanden, so kann auch keine Explosion eintreten, trotz der in das Gefäß strömenden heißen Luft. Es ist also ersichtlich, wie wichtig es ist, die Gefäße besonders gut rein zu halten.

139. Aus welchem Grunde kann das Gefäß zerfressen werden?

Das Gefäß ist einer Zerfressung durch Korrosion unterworfen und zwar kommt dieser Übelstand ausschließlich beim Einblasegefäß vor, aber nur dann, wenn es nicht gut verzinnt war. Hat die Korrosion an irgend einer Stelle begonnen, so pflanzt sie sich unaufhaltsam fort, bis eine Zerfressung durch die ganze Wandstärke hindurch erfolgt.

140. Worin ist die Ursache zu suchen, daß der Manometer falsch anzeigt? Wie überzeugt man sich hiervon?

Ist die Luft verunreinigt, so kann sich die Rohrleitung zum Manometer verstopfen; dann kann der Manometer nicht den richtigen Druck anzeigen, da die Luft abgedrosselt wird. Dies erkennt man daran, daß, wenn ein Ventil abgesperrt wird, der Manometerzeiger nicht in die Anfangslage zurückkehrt, sondern einen höheren Druck anzeigt. Da die Gefäße mit zwei Manometern ausgerüstet sind, kann man durch Austausch der beiden die Wirkungsweise der einzelnen Manometer kontrollieren, bzw. sich von dem Vorliegen des in Rede stehenden Mangels überzeugen.

Verstopfte Rohre kann man durch Ausglühen und Ausblasen reinigen.

141. An welchen Stellen kann das Gefäß undicht werden?
Undichtigkeiten können eintreten:

1. Am Gefäßkopfflansch und zwar dadurch, daß sich die Schrauben-
muttern gelockert haben oder die Dichtung brüchig geworden ist. In
solchen Fällen bläst die Luft bei der Flanschendichtung durch; Abhilfe
versucht man durch Anziehen der Schrauben. Genügt dies nicht, so muß
die Dichtung erneuert werden.

2. An den Ventilen. Die Untersuchung der Undichtigkeit der einzelnen Ventile kann folgendermaßen geschehen (Fig. 39):

Ist das Ventil I undicht, so zeigt das an den Anlaßkopf angeschlossene Manometer die Undichtigkeit an.

Für Ventil II wird dessen Undichtigkeit durch sein eigenes Manometer angezeigt.

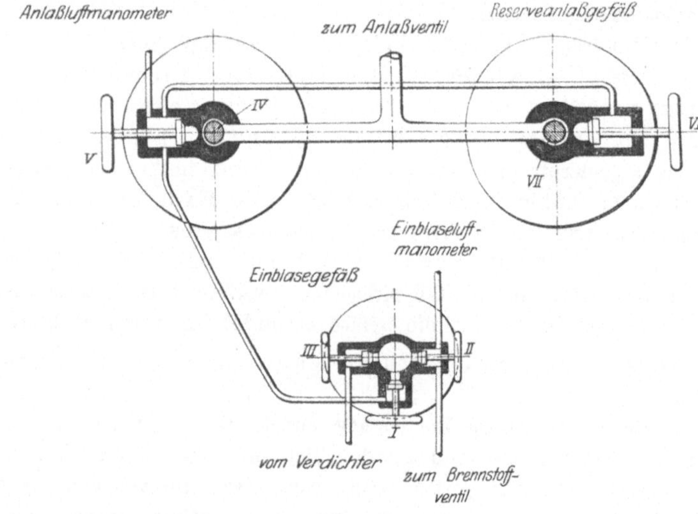

Fig. 39.

Für Ventil III kann die Undichtigkeit beim Stillstand der Maschine
am Verdichter festgestellt werden.

Die Ventile V und VI haben mit Ventil I ein gemeinsames Manometer, demzufolge empfiehlt es sich, die Untersuchung für das betreffende
Ventil durch Einschaltung eines besonderen Manometers vorzunehmen.
Steht ein solches nicht zur Verfügung, so kann man durch Vorhalten
einer dünnen Kerzenflamme die Undichtigkeit feststellen.

Hauptanlaßventile IV, VII. Nach abmontiertem Rohranschluß (T-
Stück, Blindflansch usw.) hört man das Blasen dieser Ventile.

Hört man im geöffneten Zustand der sonst gut dichtenden Anlaßventile ein Zischen der Luft nach Einhängung des Entlüftungshebels,
bzw. nach Öffnen des Indikatorhahnes, so ist dies auch ein Zeichen der
Undichtigkeit des einen oder beider Ventile.

3. An den Rohrverschraubungen oder Verbindungen. In solchen Fällen hilft man sich durch Nachziehen derselben; genügt dies nicht, so muß die Dichtung erneuert, bzw. Dichtungsflächen eingeschliffen werden.

142. Wie werden die Anlaßgefäße mit Luft gefüllt?

Vom Verdichter strömt verdichtete Luft unmittelbar in das Einblasegefäß. Aus diesem Gefäß werden nun die Anlaßgefäße gefüllt.

Die Füllung der Anlaßgefäße geht folgendermaßen vor sich: Nach eingeschalteter Belastung, z. B. Halblast (Leerlauf ist hier nicht empfehlenswert, da hierbei der Luftverbrauch sehr hoch, also für die Füllung weniger Luft verfügbar ist), wird das Luft-Regelventil des Verdichters vollständig geöffnet. Beim Ventil II wird eine solche Drosselung der Luft vorgenommen, d. h. das Ventil derart eingestellt, daß der Einblasedruck konstant auf normaler Höhe bleibt, was am Manometer kontrolliert werden kann. Die überflüssige Luftmenge strömt vom Einblasegefäß durch Ventil I und V in das Anlaßgefäß.

Die Schnelligkeit der Auffüllung ist ein Maß für die gute Beschaffenheit des Verdichters. Ist für eine gleiche Druckerhöhung (bei gleicher Belastung) eine längere Zeit notwendig, als gewöhnlich, so hat die Luftlieferung des Verdichters abgenommen und es empfiehlt sich, die Ursachen festzustellen und zu beseitigen.

XX. Wie erfolgt die Parallelschaltung von Dieselmaschinen?

Von den elektrischen Zentralen geht die Sammelleitung aus, die sich zu den Konsumenten verzweigt. Dieser Leitung wird der elektrische Strom durch die Diesel-Dynamoeinheiten zugeführt, in der Weise, daß je nach Bedarf eine oder mehrere Einheiten ein- bzw. ausgeschaltet werden, ohne daß davon etwas bei den Konsumenten bemerkbar werden darf.

Für die Parallelschaltung von Gleichstrom-Dieseleinheiten sind die folgenden Maßnahmen zu treffen, wenn die Zentrale schon im Betriebe ist und es soll eine Maschine zugeschaltet werden:

1. Es wird die anzuschaltende Maschine angelassen, die vorläufig leer läuft.

2. Man prüft, ob die positiven und negativen Pole der Maschinen je an dieselbe Schiene geschaltet sind. Diese Prüfung muß nur bei einer neuen Maschine oder nach event. Reparaturen vorgenommen werden.

3. Nun schreitet man an die eigentliche Parallelschaltung. Zuerst wird mittels des Umlaufzahl-Verstellers, bei der leerlaufenden Maschine die gleiche Umlaufzahl wie bei der belasteten eingestellt.

Eine leerlaufende Dieselmaschine hat besonders bei größeren Einheiten keinen gleichmäßigen Gang, denn stellt man die Maschine für den Leerlauf so ein, daß sie ohne Aussetzer arbeitet, so ist ein entsprechender Gang bei normaler Belastung nicht zu erreichen. Ist die normale Belastung erreicht, so arbeitet die Maschine mit Aussetzern. Eine Maschine mit Aussetzern kann aber nicht parallel geschaltet werden.

Um einen entsprechenden Leerlauf zu erreichen, muß der zugeführte Brennstoff und die Luftmenge so eingestellt bzw. verringert werden, daß eine größere Menge derselben — die ein schnelleres Anlaufen und hierdurch ein Abstellen der nächsten Brennstofflieferung mit sich bringen würde — nicht zugeführt wird, sondern eine gleichmäßige Lieferung erfolgt. . Hierzu würde es genügen, die Linsenöffnung zu verkleinern, bzw. den Hub des Brennstoffventiles zu reduzieren. Letzteres kann in der Weise bewirkt werden, daß man z. B. den exzentrischen Schalthebel etwas nach vorne — gegen die Mittelstellung zu — bringt. Bei Motoren mit mehr als 4 Zylindern pflegt man als Notbehelf das Mittel anzuwenden, einige Zylinder auszuschalten, um hierdurch einen gleichmäßigen Gang zu erreichen.

Zeigt das bei der Hilfssammelschiene angeschlossene Voltmeter keine Spannung an, oder leuchtet die hier eingeschaltete Lampe nicht auf oder zeigt das Maschinenvoltmeter die gleiche Spannung als jener an der Sammelschiene, so kann man den Schalthebel einrücken.

4. Übernahme und Übertragung der Belastung. Die Spannung der einzuschaltenden Maschine wird durch stärkere Erregung erhöht. Hierdurch fällt die Umlaufszahl der Maschine, der Regulator stellt eine größere Füllung ein und es beginnt die Belastung.

Soll eine im Betriebe befindliche Maschine abgeschaltet werden, so wird die Spannung dieser Maschine verringert, dadurch steigt der Regulator und die Pumpe stellt eine kleinere Füllung ein. Das setzt man fort, bis die Dynamo stromlos oder nahezu stromlos ist und rückt dann den Schalthebel aus.

Die Hauptbedingungen der Parallelschaltung von Wechselstrommaschinen sind die folgenden:

1. Beide Maschinen müssen gleiche Polen-, d. h. gleiche Umlaufsgeschwindigkeit besitzen;

2. die Maschinen müssen so erregt sein, daß die Spannungen gleich hoch sind.

3. die Phasen müssen richtig an die Sammelschiene geschaltet sein;

4. Die Maschinen müssen Phasengleicher sein. Dies erreicht man folgendermaßen:

Beim Schalthebel der einzuschaltenden Maschine ist ein Voltmeter und meist auch eine Lampe angeschaltet. Sind die genannten Bedingungen erfüllt und es zeigt das Phasenvoltmeter keine Spannung an, bzw. die Lampe leuchtet nicht auf, so sind die Klemmspannungen gleich, die Maschinen laufen im Einklang; nun kann man den Schalthebel einrücken. Zur Übernahme der Belastung für die eingeschaltete Maschine genügt es hier aber nicht, die Erregung zu ändern, denn die belastete Maschine hält die leerlaufende Maschine durch die synchronisierende Kraft in gleicher Umlaufzahl, sondern es muß die Brennstoffmenge des Dieselmotors geändert werden. Dies kann nur in der Weise geschehen, daß man mittels der Federwage die Umlaufzahl der leerlaufenden Maschine verringern will. Da aber beide Maschinen durch die synchronisierende Kraft auf gleicher Umlaufzahl gehalten werden, so wird die Füllung der zweiten Maschine erhöht, wodurch diese alsdann Belastung übernimmt.

Die richtige Erregung kann man dadurch kontrollieren, daß, wenn man den Magnetregulator vor- und rückwärts erregt, die Stromstärke zunimmt.

Bei parallel geschalteten Maschinen darf man die eine oder die andere Maschine nur nach stufenweiser Entlastung ausschalten.

Bei gleicher Kurbelanzahl und Anordnung wird die Parallelschaltung durch den Kurbelsynchronismus gefördert, wobei die einander entsprechenden Kurbeln aller Maschinen unter sich parallel laufen. In solchen Fällen empfiehlt sich zur gleichen Einstellung der Maschine folgender Vorgang: Man schaltet z. B. die Zylinder mit gleicher Kurbelstellung ein und prüft, ob die Umlaufszahlen der Maschinen gleich groß sind. Wenn nicht, so muß die Füllung entsprechend geändert werden. In gleicher Weise prüft man die übrigen Zylinder.

XXI. Anlassen, Inbetriebhaltung und Abstellen der Maschine.

Anlassen. Unter normalen Verhältnissen sind vor dem Anlassen folgende Handgriffe vorzunehmen:

a. Die Maschine ist in die Anlaßstellung zu bringen, so daß das Anlaßventil bereits etwas geöffnet ist. Zu diesem Zweck stellt man die Kurbelwelle etwas über die Totpunktlage in der Drehrichtung der Maschine, dann hebt die Anlaßnocke das Ventil schon an.

Bei ortsfesten Mehrzylindermaschinen sind nicht sämtliche Zylinder mit Anlaßventilen versehen. So genügen z. B. für einen vierzylindrigen Motor zwei Anlaßventile.

b. Das Auslaßventil erfordert besondere Sorgfalt, denn wenn dieses Ventil hängen bleibt, so pendelt die Maschine beim Anlassen hin und her und es wird nutzlos viel Luft verschwendet.

Deshalb sind vor dem Anlassen alle Ventile zu untersuchen, ob sie entsprechend funktionieren. Die Ventile werden mittels der Ventilhebel von Hand aus in Bewegung gesetzt, um festzustellen, ob sich die Ventile leicht bewegen, ob also eine Reinigung erforderlich ist oder nicht, und ob nicht die Ventilfedern gebrochen sind. Durch die häufige Untersuchung kann man einem Federbruch vorbeugen, da bei einem Ventil, welches infolge der Verunreinigungen schwer schließt, die Feder sehr beansprucht wird, was eine schnelle Ermüdung des Federmaterials und ihren raschen Bruch zur Folge hat. Durch diese Vorsichtsmaßregel kann ein Hängenbleiben des Ventils, welches event. zu einer großen Beschädigung der Maschine führen kann, nach Tunlichkeit vermieden werden.

Bewegen sich die Ventile **schwer**, so wird Petroleum an die Ventilspindel gegeben und sie so lange auf und ab bewegt, bis ein leichter
Gang derselben er-
zielt wird.

c. Der Ent-
lüftungs-Schalt-
hebel ist auszu-
schalten (Fig. 40),
da sonst die Luft,
ohne Arbeit zu ver-
richten, entweicht.
Anstatt eines der-
artigen Hebels kann
auch das betr.
Ventil exzentrisch
beweglich gelagert
sein; dann muß na-
türlich der Exzenter
in Anlaßstellung
gebracht werden.

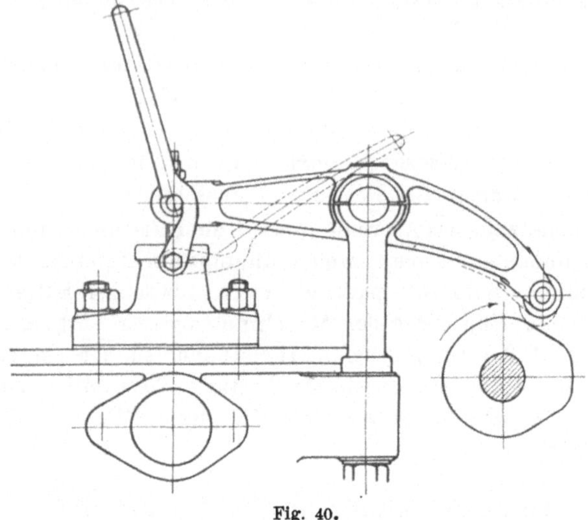

Fig. 40.

d. **Der Hebel für den Anlaß**, sowie derjenige für das Brennstoffventil sind in die Anlaßstellung zu bringen. Gemeinsame Betätigung
(Fig. 41).

e. Die Brennstoffpumpe wird vermittels des Probeventils durch
Vorpumpen auf ihre richtige Wirkungsweise untersucht. Zugleich wird
den Erfahrungen gemäß vorge-
pumpt, alsdann wird die Pumpe
in Betriebsstellung gebracht.

f. Alle Tropföler werden geöffnet. Ist Druckschmierung vorhanden, so muß dieselbe zum Betriebe eingestellt werden. Besonders. müssen diejenigen Teile
geschmiert werden, deren Schmierung während des Betriebes nicht
möglich ist. (Dies ist z. B. beim
Regulator der Fall.) Majorsche

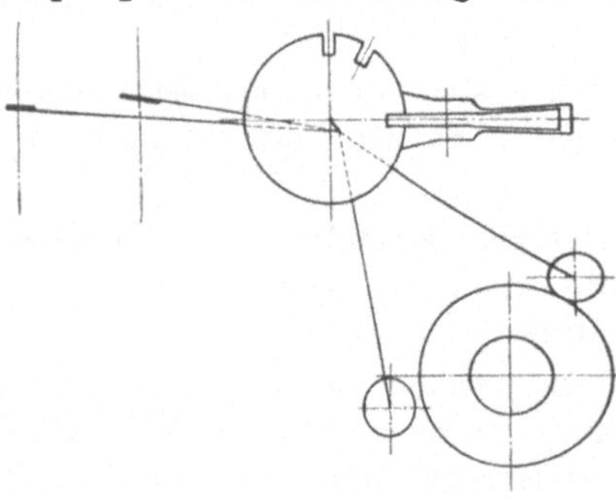

Fig. 41.

Schmierapparate (Drucköler) werden nach Vorschrift behandelt. Die
Schraubenräder werden nötigenfalls mit einer entsprechenden Menge von
konsistentem Fett versehen.

g. Um den Luftverdichter in betriebsbereiten Zustand zu bringen,
wird der Ablaßhahn am Ölabscheider des Zwischenkühlers zwischen
Hoch- und Niederdruck abgesperrt.

Nach diesen Vorbereitungen kann man an das eigentliche Anlassen schreiten, das mit Hilfe der in den Anlaßgefäßen aufgespeicherten Hochdruckluft erfolgt.

Zuerst werden aus den Luftflaschen die angesammelten Niederschläge, bestehend aus Wasser und Öl, mittels des Ablaßventils entfernt.

Die Ventile der Gefäße werden in nachstehender Reihenfolge geöffnet (Fig. 39).

Man öffnet das Ventil I am Einblasegefäß und stellt an dem beim Ventil V eingeschalteten Manometer den Luftdruck des Inhaltes an Einblaseluft fest. Ist der Druck höher als 45 Atm., so muß man durch das Abblaseventil Luft ausströmen lassen, bis der Druck auf 45 Atm. sinkt. Ist aber der Einblasedruck niedriger, so ersetzt man die fehlende Luft durch Öffnen des Ventils V oder VI am Anlaßgefäß. Die Auffüllung mit Luft geschieht also durch das Ventil I, das nach Gebrauch abgesperrt wird.

Hierauf wird nun der Luftdruck im Anlaßgefäß untersucht, zu welchem Zwecke das Ventil V geöffnet wird. Der Luftdruck zum Anlassen soll 50 Atm. nicht übersteigen. Es empfiehlt sich, die Gefäße, besonders das Reservegefäß auf 55—60 Atm. Druck zu füllen, damit trotz der, auch bei eventueller längerer Betriebsunterbrechung unvermeidlichen Luftverluste der erforderliche Anlaßdruck noch vorhanden ist.

Ist das Ventil I geschlossen, so öffnet man die Ventile II und III. Wird das Ventil III nicht geöffnet, so bleibt der Luftweg, der vom Kompressor kommt, abgesperrt. Die durch den Kompressor erzeugte Preßluft kann alsdann nicht entweichen, der hohe Druck beansprucht den Kompressor selbst und kann zum Zerreißen der Luftleitung oder des Einblaseflaschenkopfes führen.

Wenn das Ventil II nicht geöffnet wird, so kann auch der Umstand schädliche Folgen mit sich bringen, daß dann für die Zerstäubung keine Zerstäubungsluft zum Einblaseventil gelangen kann, was ein starkes Rauchen und eine explosionsartige Verbrennung zur Folge hat, wobei das Anlaufen der Maschine überhaupt nicht möglich ist.

Weiterhin öffnet man das Ventil IV (event. VII), wodurch Luft zum Anlaßventil strömen kann.

Diese Bedienung ist einfach und kann durch jedermann nach kurzer Übung ausgeführt werden. Die Handhabung kann und soll ohne jede Aufregung erfolgen; es empfiehlt sich, vor dem Anlassen Umschau zu halten, ob nicht jemand so nahe bei der Maschine steht, daß er sich durch die Ingangsetzung der Maschine einen Unfall zuziehen könnte.

h. Sieht man, daß die Maschine die erforderliche Umlaufzahl erreicht hat (dies lehrt die Erfahrung), so ist der Ausschalthebel in die Betriebsstellung zu bringen (Fig. 42), wodurch alsdann die Zündung beginnt.

i. Nach der ersten Zündung ist das Anlaßventil IV (event. VII) an der Flasche sofort abzusperren.

Eine Abweichung von diesem normalen Anlaßverfahren muß vorgenommen werden, wenn der Anlaßdruck durch irgend einen Umstand zu niedrig ist (unter 35 Atm.) und überdies die Maschine zur Winterszeit (Temperatur bei und unter 0 ⁰ C.), event. nach einer längeren Betriebsunterbrechung angelassen werden soll. Dieses Anlassen erfordert etwas Vorsicht und es empfiehlt sich, außer dem Gesagten noch folgende Bedingungen zu erfüllen:

a. Im Maschinenhaus soll durch Heizung eine solche Temperatur erzeugt werden, daß Schmieröl und Brennstoff in den Rohrleitungen leicht fließen können.

b. Die Ventile sind vor dem Anlassen unbedingt zu reinigen und gut einzuschleifen, damit die Zündung trotz der schweren Anlaßbedingungen sicher erfolgt.

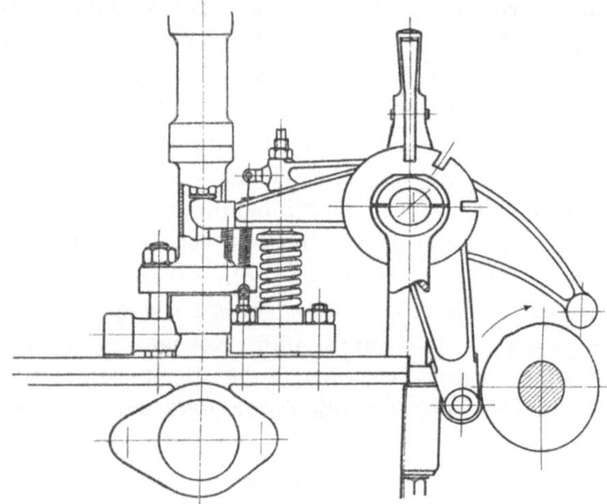

Fig. 42.

c. Wurde die Maschine in der bereits vorher beschriebenen Weise in die Anlaßstellung gebracht, so wird die Brennstoffspindel ausgebaut und eine geringe Menge (2 event. 3 Fingerhut) Benzin in den Zylinderraum gegossen. Alsdann wird die Spindel zurückgebaut und es wird vorgepumpt. Die Benzinmenge wird beim Anlassen durch die Kompressionswärme verdampft. Die so gebildete Benzindampf-Luftmischung wird unbedingt entzündet, denn hierzu ist eine niedrigere Temperatur notwendig, als für die Mischungen mit den üblichen Dieseltreibölen. Will man den üblichen Brennstoff in das Zylinderinnere bringen, so ist ein Herausbauen der Spindel nicht notwendig; man kann sich in der Weise helfen, daß man den Schalthebel in die Anlaßstellung (Fig. 41) bringt und zwischen Brennstoffhebelrolle und Nockenscheibe ein Holzstück legt; bringt man den Ausschalthebel in die Betriebsstellung, so öffnet sich das Brennstoffventil, wodurch Brennstoff auf den Kolbenboden gelangen kann, welcher, wenn die Kompression eine genügende Wärme erzeugt, verdampft wird. Im späteren Verlauf der Kompression wird diese Mischung zur Entzündung gebracht.

d. Die Brennstoffpumpe, deren Leitung und das Brennstoffventil sind durch eine Benzinlampe schwach anzuwärmen.

6. Ist der Luftdruck zum Anlassen sehr niedrig (26—28 Atm.), so ist es ratsam, von einer nächstliegenden Dieselanlage in den Flaschen Luft zu holen. Ist dies unmöglich, so muß das Anlassen mittels Kohlensäure vor sich gehen. Beim Arbeiten mit Kohlensäure ist nur insofern vorsichtig vorzugehen, als die Kohlensäureflasche, in der sich die Kohlensäure in flüssigem oder gefrorenem Zustande befindet, nicht plötzlich erhitzt werden darf, da hierdurch eine dermaßen intensive Gasentwicklung eintritt, daß die Gefäße explodieren können.

Mit Kohlensäure werden die Gefäße folgendermaßen gefüllt: Man schließt die Kohlensäureflasche an das Ventil III des Einblasegefäßes an und öffnet langsam das Ventil der Kohlensäureflasche. Das Verbindungsrohr zwischen diesen Ventilen wird durch eine kleine Benzinlampe angewärmt, bis der erforderliche Druck durch das Manometer angezeigt wird. Dann wird das Ventil III abgesperrt und man läßt die überschüssige Kohlensäure in das Anlaßgefäß hinüberströmen. In dieser Weise steht zum Anlassen eine Luft-Kohlensäuremischung zur Verfügung.

Mit Sauerstoff darf die Maschine unter keinen Umständen angelassen werden, da bei Sauerstoff eine so heftige Verbrennung vor sich geht, daß stets eine Explosion eintritt.

Kohlensäure- und Sauerstoffflaschen unterscheiden sich durch die Anschlüsse voneinander.

Auf das Anlassen folgt die **Betriebsführung.** Die wichtigeren Bedingungen derselben sind die folgenden:

a. Wenn die normale Umlaufszahl erreicht und im Einblasegefäß der der Belastung entsprechende Druck vorhanden ist, so öffnet man die Wasserhähne und läßt das Kühlwasser durch die Maschine fließen. Die Abflußtemperatur soll bei Vollbelastung in normalem Betriebe nur 40 bis 50° C. betragen; bei kleineren Einheiten (bis 50 PS.) sind etwas höhere Temperaturen zulässig.

Zu den größten Betriebsstörungen kann es führen, wenn die Hähne für das Kühlwasser nicht rechtzeitig geöffnet werden. Alle Maschinenteile erwärmen sich hierbei übermäßig und wenn diesem Übelstand nicht sofort abgeholfen wird, so fressen sich die in Bewegung befindlichen Maschinenteile (Kolben, Zapfen, Ventile usw.) ein. Öffnet man aber bei einer in solcher Weise erwärmten Maschine den Wasserhahn und läßt das Kühlwasser durchfließen, so tritt eine heftige Dampfentwicklung ein, was gegebenenfalls im Gefolge haben kann, daß die Wasserausflußöffnungen versperrt werden. In diesem Falle muß für den Dampf durch Freilegen des höchsten Punktes der Leitung ein Weg ins Freie hergestellt und dieser so lange offen gehalten werden, bis anstatt Dampf Wasser austritt.

b. Entspricht der Einblasedruck der Belastung und sind Schmierung und Kühlung in Ordnung, so kann nunmehr die Maschine belastet werden. Der Riemen kann auf die feste Scheibe geschoben und die Kupplung eingeschaltet, bzw. die elektrische Belastung (an der Schalttafel) angeschlossen werden.

c. Die beim Anlassen verbrauchte Luftmenge muß möglichst sofort ersetzt werden und zwar bei belasteter Maschine, da hierbei der Luftverbrauch des Einblaseventils geringer ist, als bei leerlaufender Maschine.

Zu dieser Auffüllung wird das Drosselventil, welches an das Niederdrucksaugventil des Luftverdichters angeschlossen ist, vollständig geöffnet und die Gefäße werden, wie in Punkt 142 angegeben, gefüllt. Während der Füllung empfiehlt es sich, ein öfteres Abblasen des sich in den Gefäßen ansammelnden Kondensates vorzunehmen.

Nach erfolgter Benützung sind die Ventile der Luftgefäßköpfe gut zu schließen, um ein Entweichen von Luft möglichst zu verhindern.

d. Sind die Gefäße gefüllt, so stellt man das Drosselventil am Luftverdichter der Belastung gemäß so ein, daß die von dem Luftverdichter gelieferte Luftmenge der für die Zerstäubung verbrauchten Luftmenge entspricht. Die überflüssige Luftmenge im Einblasegefäß wird abgeblasen.

Der Luftdruck für die Zerstäubung muß so eingestellt werden, daß der Gang der Maschine ruhig, stoß- und rauchfrei ist.

e. Bei belasteter Maschine werden die Öltropfapparate, bzw. die Wirkungsweise bei vorhandener Druckschmierung, die Drehung der Ringe in den Ringschmierlagern, sowie der Umstand geprüft, ob durch die letzteren eine genügende Menge Schmieröl geliefert und den Lagern zugeführt wird.

f. Man prüft, ob sich die Hauptlager, Pleuelstangenlager und Kolben nicht erwärmen?

Diese Untersuchung ist zur Winterszeit mit großer Sorgfalt durchzuführen, da die Schmierung infolge des durch die Kälte hervorgerufenen dickflüssigen Zustandes des Öles versagen kann.

g. Hat sich die Belastung inzwischen geändert, so ist der Einblasedruck entsprechend einzustellen, wenn diese Einstellung nicht durch den Regulator erfolgt.

h. Hat man sich überzeugt, daß die Lager nicht warmlaufen, Stöße nicht wahrnehmbar sind, die beweglichen Teile ruhig laufen und die Maschine rauchfrei arbeitet, so hat nun der Maschinist im Maschinenhaus für die Ordnung und Reinlichkeit zu sorgen; er soll den Ölstand im Brennstoffreservoir überwachen und wenn notwendig aufpumpen, das Öl filtrieren und alle zwei Stunden die Schmierung der Steuerungsteile vornehmen. Von Zeit zu Zeit soll man das Warmlaufen der Lager untersuchen und die Niederschläge aus dem Einblasegefäß ausblasen lassen.

Eine Dieselmaschine erfordert keine größere Aufmerksamkeit von Seiten des Maschinisten, als eine Dampfmaschine, bei welcher außerdem auch die Kessel eine besondere Wartung erfordern. Nur führt bei einer Dieselmaschine auch schon eine geringe Nachlässigkeit zu sehr unliebsamen Folgen, wenn dem Mangel nicht rechtzeitig abgeholfen wird. Liegt eine Störung vor, so muß man dieselbe sachgemäß beurteilen, nach den Ursachen forschen und diese beseitigen. Von jedem Aberglauben, an welchen noch viele Maschinisten in Unkenntnis der Tataschen festhalten, ist unbedingt Abstand zu nehmen.

Obwohl die Fragen in den vorangehenden Kapiteln derart behandelt wurden, daß für jede Betriebsstörung zugleich auch die Art und Weise der Beseitigung derselben beschrieben wurde, erscheint es dennoch vorteilhaft, die in der Praxis häufiger vorkommenden Betriebsstörungen an dieser Stelle zusammenzufassen.

Die zumeist auftretenden Betriebsstörungen sind die folgenden:

a. Die Maschine pendelt, d. h. die Umdrehungen schwanken in den weitesten Grenzen, oft scheint es, daß sie zum Stillstand kommt; der Maschine wird der Brennstoff nicht gleichmäßig zugeführt.

In diesem Falle müssen die Brennstoffreservoire untersucht und nötigenfalls Schlamm und Wasser abgelassen werden. Ist hier der Fehler nicht zu finden, so muß man die Brennstoffpumpe untersuchen, weil die Ursache dieser Erscheinung auch von einer Undichtigkeit herrühren kann: z. B. dichtet das Saugventil nicht, oder in die Pumpe dringt Luft ein.

b. Die Umlaufszahl der Maschine sinkt, wobei der Luftdruck im Einblasegefäß ansteigt, ohne daß man das Drosselventil des Luftverdichters angerührt hätte:

Entweder ist in diesem Falle das Brennstoffventil verstopft, oder es kann dieser Übelstand auch dadurch hervorgerufen sein, daß sich die Einstellmuttern an der Nadel des Brennstoffventils gelockert haben. Dadurch verringert sich der Ventilhub, wobei die zugeführte Brennstoffmenge, sowie die Luftmenge abnimmt.

c. Die Maschine raucht und gleichzeitig sinkt die Umlaufszahl.

Die Ursachen dieser Erscheinungen können die folgenden sein:

1. Eines der Hauptlager oder Pleuelstangenlager oder mehrere zugleich laufen warm.
2. Der Arbeitskolben läuft warm.

Davon, ob sich der Kolben leicht oder schwer bewegt, kann man sich dadurch überzeugen, daß man bei stillstehendem Motor den Kolben mittels der Schwungraddrehvorrichtung in die obere Totpunktlage bringt. Läßt man nun den Kolben eine halbe Umdrehung machen und führt dabei die Welle mit der Pleuelstange einige Schwingungen um den unteren Totpunkt aus, so zeigt dies, daß sich der Kolben leicht bewegt. Bleiben diese Schwingungen aus oder ist die Zahl derselben geringer als gewöhnlich, so kann man daraus schließen, daß der Kolben schwer geht.

b. Durch das Saugrohr des Saugventils ist ein Zischen vernehmbar.

Die Ursachen dieses Übelstandes können die folgenden sein:

1. Das Brennstoffventil ist hängen geblieben. Dadurch entsteht ein Überdruck im Zylinder, welcher während des Saugens dann das Zischen herbeiführt.

2. Das Saugventil dichtet nicht, oder

3. das Saugventilgehäuse hat sich gelockert und dichtet daher nicht.

c. Die Maschine stößt.

Diese Stöße (ausgenommen diejenigen, die man bei der Zündung hört und die sich durch den scharfen Klang unterscheiden lassen) rühren von dem Spiel zwischen Kurbelzapfenlager und Zapfen her oder der Kolben läuft infolge Abnützung der Zylinderbüchse mit größerem Spiel.

Wird das Spiel am Lager nicht sofort beseitigt, so wird das Weißmetall durch die vielen Stöße, die wie Hammerschläge wirken, spröde und bricht, so daß Metallteile herausfallen. Das sich hierdurch vergrößernde Spiel kann zum Bruch der Kolbenzapfenlagerschalen oder zum Abreißen der Schrauben des Pleuelstangenlagers führen.

Diese Stöße müssen daher, um die angeführten Folgen zu vermeiden, sofort beseitigt werden.

f. Am Kolben entlang treten Gase ins Freie. Die Ursachen dieser Erscheinung können die folgenden sein:

1. Die Kolbenringe federn infolge Ablagerung von Ölkrusten nicht mehr.

2. Der Kolbeneinsatz (Brennplatte) ist gesprungen oder hat sich gelockert.

3. Die Kühlung ist infolge Wassersteines oder Wassermangels unzulänglich. In diesem Falle rühren die Gase vom verbrannten Schmieröl her.

4. Das Zylinderöl ist von schlechter Qualität, der Flammpunkt ist zu niedrig.

5. Der Zylindereinsatz ist abgenützt.

g. Erwärmt sich die Maschine rasch, sind gleichzeitig Stöße wahrnehmbar, und sinkt die Umlaufszahl, so kann man darauf schließen, daß kein Kühlwasser durch den Motor fließt. Besondere Vorsicht erfordert die Kühlung bei gekühlten Auspuffventilspindeln bzw. Auspuffventilgehäuse, da eine Anfressung der Spindel eintreten kann; oder sie kann auch hängenbleiben und dabei die Dichtungsfläche verbrennen, wobei die Maschine viel Brennstoff verbraucht und sogar ernste Beschädigungen erleiden kann.

Ist Druckschmierung vorhanden, so ist dafür zu sorgen, daß der Druck auf einer bestimmten Höhe verbleibt. Fällt der Druck, so gelangt für die Schmierung zu wenig Öl zur Verwendung. Dieser Umstand kann zu einem Warmlaufen der Lager führen; letzterer Nachteil wird erhöht, wenn das Schmieröl nicht gekühlt wird, denn dadurch wird das Öl zu dünnflüssig, seine Schmierfähigkeit nimmt ab und es wird zu wenig, oder überhaupt keine Wärme vom Lager abgeführt. Es darf nicht unterlassen werden, durch die Probehähne den Wärmezustand und die Menge des Schmieröles von Zeit zu Zeit zu untersuchen.

1. Beim Luftverdichter können Stöße aus denselben Gründen vorkommen, wie beim Arbeitszylinder. Hier gilt dasselbe, was schon bezüglich des Arbeitszylinders gesagt wurde.

Ein dumpfer Schlag ist aber auch dann wahrnehmbar, wenn der schädliche Raum zu klein ist.

Beim Luftverdichter muß man sein besonderes Augenmerk auf die etwaige abnormale Erwärmung der Luftleitung richten. Tritt diese ein, so müssen die Ventile und Rohre untersucht und im Bedarfsfalle gereinigt werden.

Die Störungen im Luftkühler können durch eine Verstopfung desselben verursacht werden, welche infolge Ablagerungen eintritt.

k. An den Ventilen ist ein Schlagen wahrzunehmen. Diese Erscheinung wird dadurch hervorgerufen, daß ein Ventil hängen bleibt und der Kolben gegen den Teller stößt. Das Ventil kann bei Überlastung infolge abnormaler Wärmeausdehnung oder Ablagerung von verbranntem Öl hängenbleiben. Die Störung kann durch Schmieren der Spindel mit einer Öl-Petroleummischung beseitigt werden. Bei gekühlten Auspuffventilen kann man die Ablagerungen durch Abbrennen in der Weise entfernen, daß man die Zuströmung des Kühlwassers für die Dauer von etwa 15 Minuten absperrt; die so erzeugte Wärme genügt, um die Ablagerungen abbrennen zu lassen.

Der Übersicht halber greifen wir an dieser Stelle auf jene Fälle zurück, die während des Betriebes Explosionen herbeiführen können, obwohl diese Fälle in der Praxis nur selten vorkommen, weil durch geeignete Vorsichtsmaßregeln, durch instand gehaltene Sicherheitsventile alle diese Explosionen vermieden werden.

Die Ursachen der Explosionen können folgende sein:

1. Hängenbleiben der Brennstoffventilnadel z. B. erfolgt dadurch, daß — wie dies sehr oft der Fall ist — die Stopfbüchsenverschraubung zu stark angezogen wird. In solchen Fällen kann das Brennstoffventilgehäuse, event. auch der Zylinderdeckel in Trümmer gehen. Es sind auch Fälle bekannt geworden, wo das Einblaserohr oder der Einblaseflaschenkopf explodiert sind; hierzu hat auch die im Gefäß vorhandene Luft-Öldampfmischung beigetragen.

2. Beim Anlassen bleibt das Anlaßventil hängen. Infolge des in diesem Falle entstehenden hohen Druckes kann der Anlaßgefäßkopf oder das Rohr reißen.

3. Beim Anlassen wird das Ventil für die Einspritzluft nicht geöffnet.

4. Wenn sich im Brennstoffventilgehäuse aus irgend einem Grunde Brennstoff ansammelt. Dieser Fall tritt z. B. ein, wenn bei Mehrzylindermotoren ein Zylinder durch Stillsetzen des Brennstoffventils ausgeschaltet

wurde, ohne die Brennstoffzufuhr zum Ventil selbst auszuschalten und dann wieder eingeschaltet wird. Es kann auch der Fall eintreten, daß infolge unvollkommenen Zustandes des Brennstoffschwimmers Brennstoff in das Gehäuse strömt.

5. Bei dem Luftverdichter kommt infolge mangelhafter Kühlung die Luftleitung oder der Luftkühler zur Explosion.

Die Sicherheitsventile müssen in gutem Zustand gehalten werden, damit sie bei Bedarf abblasen.

Abstellen. Das Abstellen der Maschine geschieht in nachstehender Reihenfolge (Fig. 43):

1. Die Belastung wird abgeschaltet.

2. Die Brennstoffpumpe wird ausgeschaltet und der Hahn am Brennstoffgefäß abgesperrt.

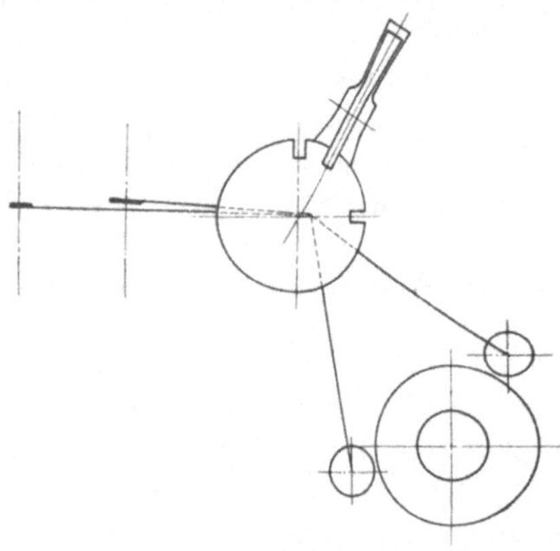

Fig. 43.

3. Das Ventil am Einblasegefäß, durch welches Einspritzluft zum Brennstoffventil gelangt, wird abgesperrt.

4. Das Abblaseventil am Zwischenkühler der Luftpumpe wird geöffnet, wodurch die Luftlieferung eingestellt wird.

5. Der Entlüftungshebel wird eingehängt.

6. Es empfiehlt sich, vom Einblasegefäß eine geringe Menge Luft dem Brennstoffventil zuzuführen, um Zerstäuberteile und Dichtungsflächen abzublasen.

7. Wenn die Maschine schon fast still steht (letzte Umdrehungen), kann bei entsprechender Vorsicht das Schwungrad-Schaltwerk eingeschaltet werden, um die Maschine in der Nähe der Anlaßstellung zum Stehen zu bringen. Geschieht dies nicht mit genügender Vorsicht, so bricht der Rahmen des Schaltwerkes.

8. Sämtliche Schmierapparate werden abgestellt.

9. Das Ventil am Einblasegefäß, durch welches Luft vom Verdichter ins Einblasegefäß strömt, wird abgesperrt. Man überzeuge sich, ob alle Luftgefäßventile gut geschlossen sind und dicht halten.

10. Das Kühlwasser soll nach 10 Minuten nach Stillstand der Maschine fließen, um die heißen Maschinenteile abzukühlen.

11. Jene Teile, die während des Betriebes nicht zugänglich waren, sind zu untersuchen.

12. Bei Frostgefahr ist das Wasser aus sämtlichen Kühlräumen abzulassen, um ein Zersprengen irgend welcher Teile durch Frost zu

vermeiden. Bei längeren Betriebspausen muß das Wasser unbedingt abgelassen werden, denn tritt event. Frost ein, so könnte die Maschine gänzlich unbrauchbar werden; zugleich empfiehlt es sich, bei kurzen Betriebspausen in der kalten Jahreszeit den Kolben in der untersten Totpunktlage und den Entlüftungshebel in ausgeschalteter Stellung zu lassen, wodurch die Abkühlung der Maschine verzögert wird.

XXII. Das Indizieren und die Indikatordiagramme.

Der Zweck der Aufnahme der Indikatordiagramme liegt darin, die Vorgänge im Innern des Zylinders zu verfolgen. Die heute üblichen Apparate ermöglichen eine Aufnahme des Druckes im Zylinder als Funktion des Volumens. Die Größe des Zylindervolumens ist proportional dem Kolbenwege; daher genügt es, für die Indikatortrommel e eine Bewegung vom Kolben abzuleiten. Einen Antrieb zeigt Fig. 2. Der Druck überträgt sich auf den Indikatorkolben, wenn durch die Indikatorbohrung (Fig. 44) nach Öffnen des Hahnes b eine Verbindung zwischen Indikator und Arbeitszylinderraum hergestellt wird. Der Stift g zeichnet den Druck auf und da sich die Trommel dem Hauptkolben entsprechend bewegt, erhält man zu jedem Punkt des Kolbenweges den dazugehörigen Druck. Werden Volumen und

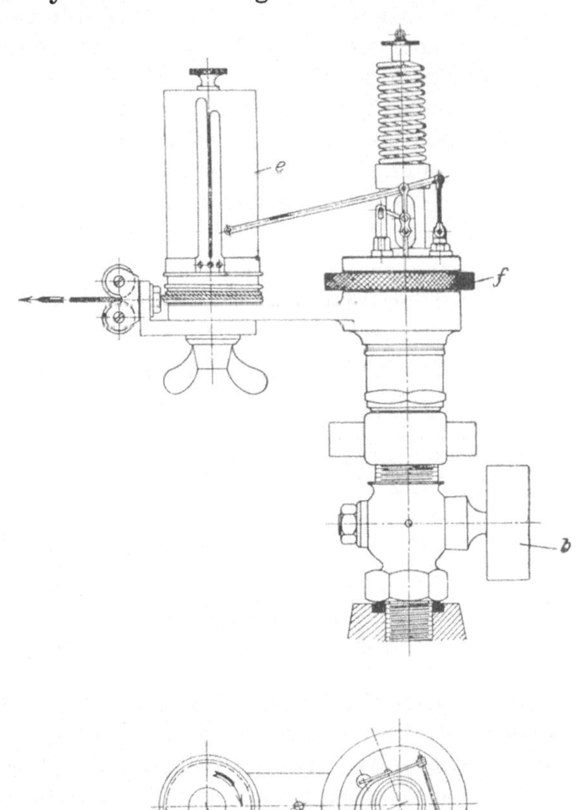
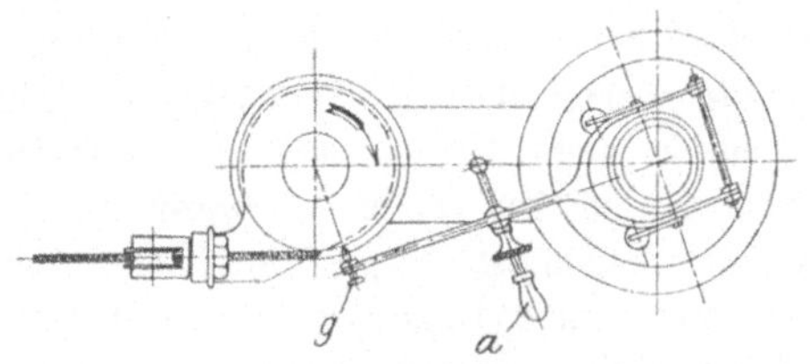

Fig. 44.

Druck miteinander multipliziert, so ergibt dies die verrichtete „Arbeit"; mißt man nun die Fläche des aufgenommenen Diagrammes, so erhält man jene Arbeit, welche während eines Arbeitsspieles vom Treibkolben geleistet wurde.

Ein Hauptaugenmerk ist darauf zu richten, daß das Diagramm die inneren Vorgänge im Zylinder genau darstellt und die Verzerrung der Diagramme möglichst klein ausfällt.

Bei der Aufnahme des Diagrammes spielen der Antrieb, die Schnur samt Haken, der Indikator selbst und das Indikatorloch eine Rolle. Alle diese Organe können zur Verzerrung des Diagrammes beitragen, etwa wenn der Antrieb nicht symmetrisch angeordnet ist, d. h. daß die Schwinghebel nicht mit demselben Betrag nach der einen wie nach der anderen Seite von der Mittellinie des Hebels aus schwingen, oder wenn sich die Schnur übermäßig stark dehnt, oder wenn die Trommelfeder nicht genügend gespannt ist, oder der Schreibstift übermäßig stark angedrückt wird; ferner, wenn der Indikatorkolben mangelhaft geölt ist, die Büchse für den Indikatorkolben abgenützt, oder wenn die Feder des Indikatorkolbens nicht gut befestigt ist; weiter, wenn das Indikatorloch in einer gebrochenen anstatt einer geraden Linie verläuft, mit Verbrennungsrückständen gefüllt ist und schließlich, wenn ein Rohrkrümmer anzubringen wäre, um das Indizieren überhaupt zu ermöglichen.

Vor dem Indizieren hat man sich deshalb davon zu überzeugen, daß keiner der angeführten Umstände vorliegt. Beim Indizieren geht man folgendermaßen vor:

1. Das Indizierloch ist zu reinigen.

2. Man schraubt den Indikatorhahn b ein (Dreiweghahn) und untersucht in allen drei Lagen, ob das Küken die Löcher gut deckt. Die drei Lagen sind die folgenden:

A. das Zylinderinnere ist mit der Außenluft verbunden;

B. das Zylinderinnere steht mit dem Indikatorzylinder in Verbindung;

C. der Indikatorzylinderraum ist mit der Außenluft verbunden.

Der Hahn muß sich leicht bewegen lassen, auch ist es empfehlenswert, durch Einstellung des Kükens in die Lage „A" die Löcher durch Abblasen zu reinigen. Falls sich bei der Aufnahme der atmosphärischen Linie eine Doppellinie zeigt, so ist dies ein Zeichen, daß der Hahn undicht ist.

3. Aufschrauben des Indikators. Hierbei muß sorgfältig geprüft werden, daß die Verschraubung gut, jedoch nicht zu fest angezogen ist und ob die Verschraubung oberhalb des Indikatorkolbens gut eingesetzt ist, da sonst diese Verschraubung herausfliegen kann. Derselbe Fall kann beim Hahnküken eintreten, wenn dieses mangelhaft befestigt ist.

4. Die Schnur ist entsprechend vorzubereiten. Sie muß stark genug sein und nur eine geringe Dehnbarkeit besitzen. An der Schnur wird ein leichter Haken befestigt, durch welchen die Bewegung der Schnur bzw. der Trommel in der Weise erzielt wird, daß er an einem Teil des bewegten Gestänges angehängt wird. Die Schnurlänge muß so einreguliert werden, daß die Schnur auf dem ganzen Wege stets gespannt bleibt und daß das Diagramm in die Mitte der Papiertrommel zu liegen kommt.

5. Der Hub der Trommel darf nicht voll ausgenützt werden, weil der Stift nicht an die Anschläge anstoßen darf. Die Feder der Trommel wird nach Gefühl gespannt und nötigenfalls nach Aufnahme von Probediagrammen entsprechend nachreguliert und zwar soll die Spannung so sein, daß ein möglichst kleiner Spannungsunterschied zu Beginn und am Ende des Trommelhubes vorhanden ist. Unterläßt man diese Kontrolle, so erhält man trotz des guten Eindruckes unverläßliche, verzeichnete Diagramme.

6. Bevor der Indikator in Gebrauch genommen wird (im Betrieb der Maschine), empfiehlt es sich, den Indikatorkolben auszubauen, zu welchem Zwecke der Teil f herauszuschrauben ist, worauf der Indikator und alle Löcher ausgeblasen werden. Durch dieses Ausblasen werden etwa noch zurückgebliebene Verunreinigungen entfernt; gleichzeitig wird ein Anwärmen des Indikators erreicht. Alsdann wird der Kolben mit geeignetem Schmiermaterial gut eingefettet und der Teil f wieder eingeschraubt.

7. Die Stärke der Feder des Indikators muß so bestimmt werden, daß bei größter Auslenkung des Schreibstiftes das Diagramm noch auf dem Indikatorpapier erscheint, bzw. die zulässige Beanspruchung der Feder, die im Federmutterteil eingeschlagen ist, auch von den höchst vorkommenden Drücken nie erreicht wird.

8. Das Indikatorpapier wird auf die Trommel fest aufgespannt, denn sonst wird das Papier zerrissen.

9. Man stellt den Anschlag a so ein, daß der Schreibstift g nur eben das Papier berührt, damit in dünner Linie gut sichtbare Diagramme aufgezeichnet werden. Dazu muß der Stift gut angespitzt sein und darf auch in seinem Halter nicht wackeln.

Nach diesen Vorbereitungen kann nun die Aufnahme der Diagramme erfolgen. Man hängt den Haken ein und drückt den Schreibstift leicht an das Papier an, wodurch dann das Diagramm aufgezeichnet wird.

Es empfiehlt sich, auf dem Indikatorpapier alle wichtigen, zur Berechnung der Diagramme erforderlichen Angaben sogleich zu notieren.

Der Vorsicht halber soll man sich bei der Aufnahme der Diagramme so stellen, daß infolge gelegentlichen Loswerdens des Teiles f oder des Hahnkükens kein Unfall geschieht.

Der Indikator erfordert eine gewissenhafte Bedienung; insbesondere muß er nach erfolgtem Gebrauch gründlich gereinigt werden.

Die im Betrieb befindlichen Maschinen müssen mindestens halbjährlich indiziert werden, es sei denn, daß andere Umstände die Indizierung bedingen. Ein Indizieren muß z. B. unbedingt erfolgen, wenn ein neuer Kolben eingebaut wurde, denn es muß dabei durch Messung des Kompressionsenddruckes der schädliche Raum auf seine Größe kontrolliert werden. Aus demselben Grunde müssen Indikatordiagramme beim Auswechseln oder nach Ausgießen von Kurbellagern aufgenommen werden.

Für die Messung des Kompressionsenddruckes sind Kompressionsdiagramme aufzunehmen. Zur Aufnahme derartiger Diagramme schaltet man die Zündung durch Stellung des exzentrischen Schalthebels des Brennstoffventiles in die Mittellage zwischen Betriebs- und Auslaßstellung aus (Fig. 43); gleichzeitig wird die Brennstoffpumpe ausgeschaltet. In diesem Zustande wird ein Diagramm bei noch möglichst voller Umlaufszahl aufgenommen. Fig. 45 zeigt ein Kompressionsdiagramm: Die obere Linie ist die Kompressionslinie, die untere die Expansionslinie. Der

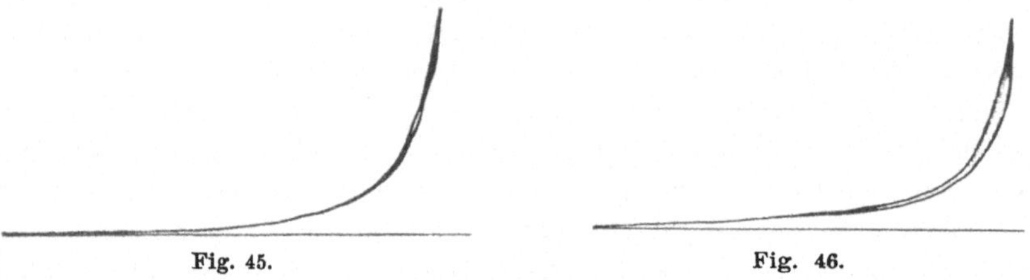

Fig. 45.   Fig. 46.

Flächenraum darf nur sehr klein sein, praktisch gleich 0 und entsteht dadurch, daß infolge Abkühlung die Expansionslinie unterhalb der Kompressionslinie verläuft. Ist der Flächenunterschied verhältnismäßig groß (Fig. 46), so deutet dies auf einen Fehler in der Indiziervorrichtung, etwa, daß der Indikatorantrieb unsymmetrisch eingestellt ist, oder daß der Indikatorkolben stark undicht ist. Der Kompressionsenddruck verändert sich etwas mit der Belastung; je höher die Belastung, um so größer ist der Kompressionsenddruck. Der Kompressionsenddruck bei voller Be-

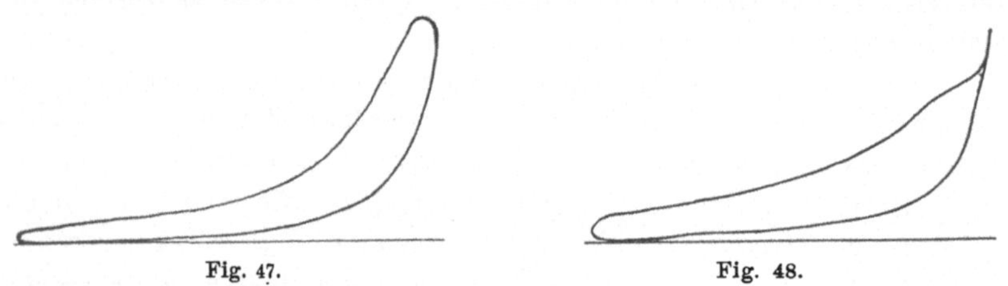

Fig. 47.   Fig. 48.

lastung soll bei kleineren Einheiten (unterhalb 40 PS.) 30—32 Atm., bei größeren Einheiten 28—30 Atm. betragen. Bei hoher Kompression ist eine Verbrennung bei annähernd gleich hohem Druck schwer zu erreichen. Bei Mehrzylindermaschinen müssen unbedingt in allen Zylindern die Kompressionsenddrücke gleich sein, um eihen gleichen Verlauf der Verbrennung, d. h. also auch einen gleichen Brennstoffverbrauch zu erzielen, da der Einblasedruck für alle Zylinder gemeinsam ist.

Fig. 47 zeigt ein Diagramm mit normalem Verlauf. An dieser Stelle seien einige Abweichungen von diesem Diagramm angeführt:

Das Diagramm nach Fig. 48 deutet darauf hin, daß für die Verbrennung eine ungenügende Menge von Verbrennungsluft vorhanden ist,

d. h. daß irgend eine Undichtigkeit vorliegt, etwa die Ventile undicht sind oder aber die Saugöffnungen verstopft sind usw. Da die Menge der Verbrennungsluft nicht zur sofortigen Einleitung der Verbrennung des gesamten Brennstoffes genügt, so muß sie sich während der Expansion fortsetzen: es tritt die Erscheinung des Nachbrennens auf, die an der anfänglich geringen Flächenentwicklung an dem abnormal hohen Enddruck zu erkennen ist (statt 2—3 Atm. 4—5).

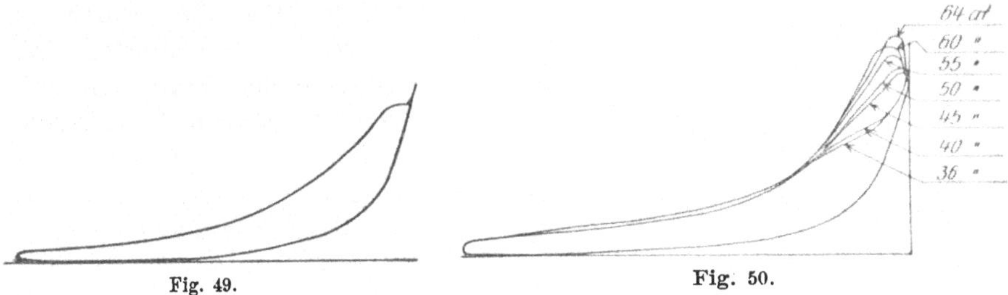

Fig. 49.   Fig. 50.

Für die Herstellung eines guten Diagrammes sind die Vorbedingungen die folgenden: gut abdichtende Ventile, gut dichtender Kolben und ungedrosselte Luft.

In Fig. 49 ist der Enddruck bei der Expansion normal, aber die Verbrennung beginnt zu spät nach dem Totpunkt. Der Grund dieses Übelstandes kann darin liegen, daß der Einblasedruck zu niedrig ist. Erhöht man den Einblasedruck und verbessert sich das Diagramm, so muß die Düsenöffnung (Linse) vergrößert werden, in der Weise, daß man

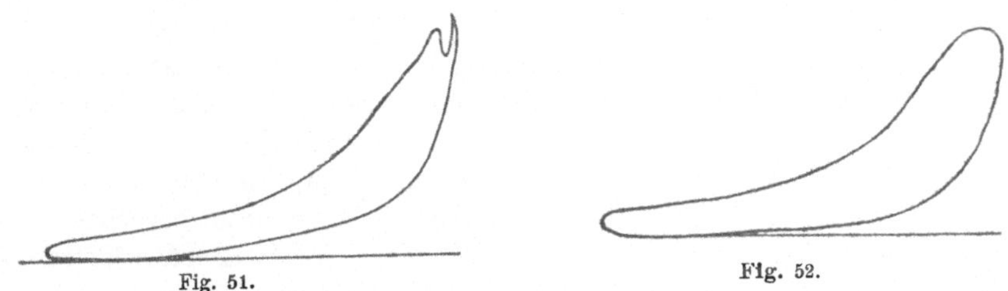

Fig. 51.   Fig. 52.

mit einem normalen Einblasedruck auskommen kann. Ein ähnliches Diagramm entsteht bei geringer Vorzündung oder bei event. Nachzündung. Sinkt der Verbrennungsdruck unter den Kompressionsenddruck, so ist dies ein Zeichen dafür, daß der Brennstoff zu spät in den Zylinder eingeführt wird. Erhöht man die Vorzündung, so erhöht sich auch der Enddruck der Verbrennung.

Fig. 50 zeigt den Einfluß des Zerstäuberluftdruckes bei möglichst gleicher Belastung.

Fig. 51 zeigt den Fall, wenn die Brennstoffventilfeder zu schwach ist, oder das Ventil nicht gut schließt.

Fig. 52 zeigt das Diagramm einer übermäßig stark belasteten Maschine. Ein solcher Zustand ist für eine Maschine unter keinen Umständen zulässig.

Fig. 53 zeigt die Diagramme des Kompressors.

Fig. 54 zeigt ein Schwachfederdiagramm.

In Fig. 55 wurde ein punktiert gezeichnetes Diagramm in der Weise aufgezeichnet, daß die Indi-katortrommel mit der Hand rasch bewegt wurde. Man sieht hier die Vorgänge genauer im Totenpunkt.

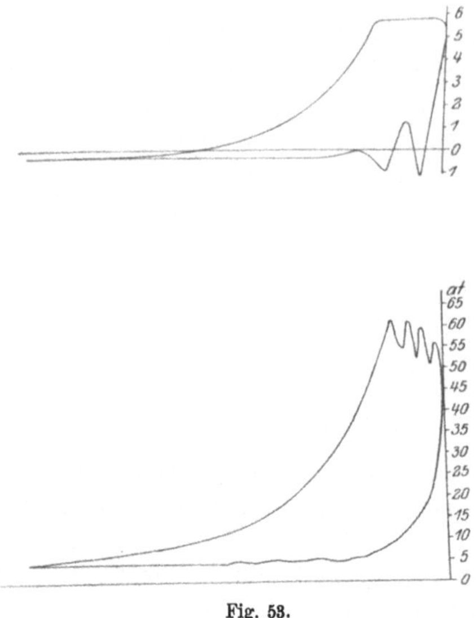

Fig. 53.

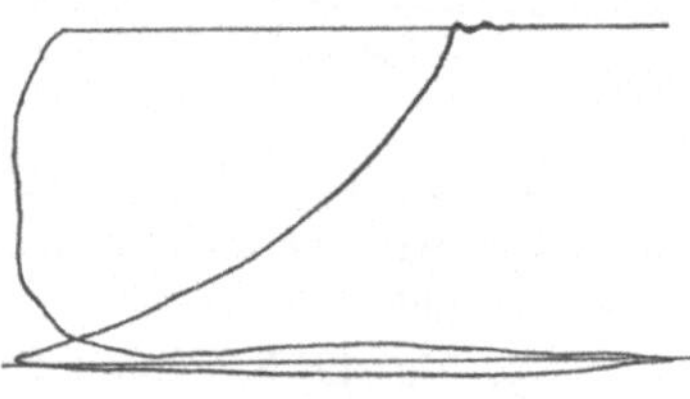

Fig. 54.

In welcher Weise berechnet man aus dem Indikatordiagramm die Maschinenleistung? Wie kann man den Brennstoffverbrauch einfach messen?

Wie bereits erwähnt wurde, ist der Flächeninhalt der Diagramme proportional der im Innern der Maschine geleisteten Arbeit, folglich muß die Fläche des Diagrammes gemessen werden, um die Arbeit zu berechnen.

Hierfür bieten sich zwei Wege:

1. Die Messung durch einen Flächenmesser (Planimeter).

2. Wenn ein solcher nicht zur Verfügung

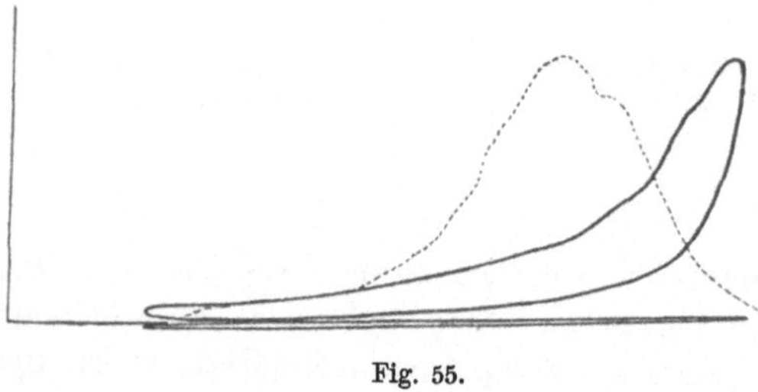

Fig. 55.

steht: die Methode der Flächenteilung in kleine Streifen (mit Messung und Summierung derselben).

Beide Methoden laufen darauf hinaus, die unsymmetrische Diagrammfläche in ein Rechteck von gleichem Inhalt umzugestalten, dessen Grundlinie mit der Länge des Diagrammes übereinstimmt und dessen Höhe das arithmetische Mittel der Druckhöhen darstellt.

Bei Benützung des Flächenmessers befestigt man das Papier auf
einer wagerechten glatten Fläche. Der Flächenmesser wird zum Diagramm

so gestellt, daß die Aus-
lenkung des Schreibstiftes
F nach beiden Richtungen
möglichst gleich groß sei.
Das Gewicht P wird
durch kräftiges Nieder-
drücken festgestellt. Auf
der Skala D wird mit
Hilfe des Nonius eine
Zahl abgelesen, die als-
dann zu notieren ist, wo-
rauf der Stift entlang
der Diagrammlinie in der
Richtung des Pfeiles ge-
führt wird (Fig. 56). Der
Ausgangspunkt des Stif-
tes F wird durch einen
Bleistiftstrich bezeichnet;
zu diesem Ausgangs-
zeichen muß der Stift
zurückgeführt werden.
Auf der Skala D wird
nun die neue Zahl abge-
lesen, und von dieser
größeren Zahl die vorher

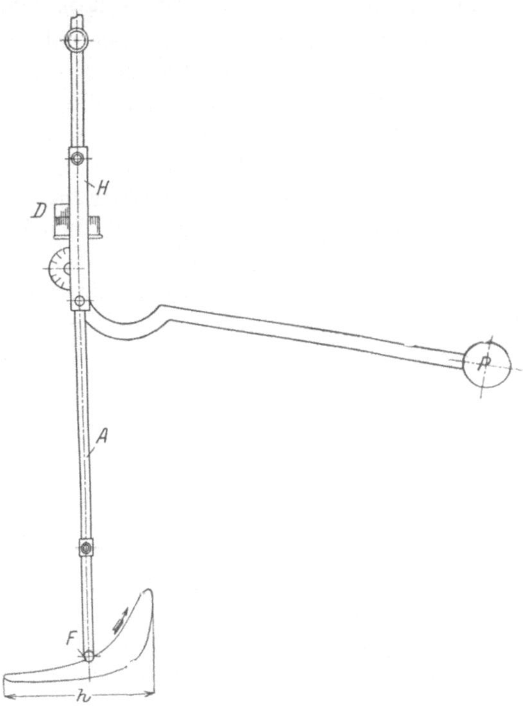

Fig. 56.

abgelesene kleinere Zahl in Abzug gebracht. Hierdurch wird, insofern
der Schieber H auf der Leiste A richtig, d. h. gemäß den Angaben des
Flächenmessers eingestellt war, der gesuchte Flächenraum in Quadrat-
millimeter erhalten. Dividiert man die so erhaltene Größe durch die
Diagrammlänge h, so erhält man die
Höhe des Rechtecks. Es empfiehlt
sich, die Flächenmessung zweimal
nacheinander durchzuführen und aus
den erhaltenen Zahlen einen Mittel-
wert zu nehmen.

Steht kein Flächenmesser zur
Verfügung, so ist der Vorgang der
Flächenmessung der folgende (Fig. 57):

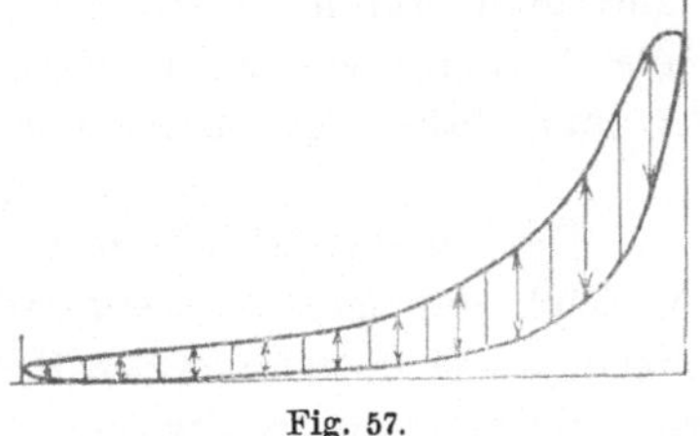

Fig. 57.

Man teilt die atmosphärische Linie des Diagrammes zweckmäßig in
10 gleiche Teile (bei genauer Berechnung entsprechend mehr) und errichtet
in den Teilpunkten die Senkrechten, die die Kompressions- und Expansionslinie schneiden. Dann mißt man den Abstand zwischen diesen beiden

Schnittpunkten und erhält damit den Arbeitsdruck des Diagrammes für den betreffenden Teilpunkt. Addiert man die Arbeitsdrücke aller Teilpunkte, nimmt daraus das arithmetische Mittel und dividiert dann durch den Federmaßstab, so erhält man den mittleren Arbeitsdruck des gesamten Diagrammes. Ist z. B. der Federmaßstab 1 mm = 1 Atm., d. h. 1 mm Diagrammhöhe entspricht einem Druck von 1 Atm., und man hat die mittlere Arbeitsdruckhöhe im Diagramm gemessen zu 7 mm ermittelt, so ist der wirkliche mittlere Arbeitsdruck 7 : 1 = 7 Atm. Ein Hilfsmittel gemäß Fig. 58 erleichtert die Aufzeichnung der Teillinien.

Nachdem in dieser Weise der indizierte mittlere Druck ermittelt wurde, bleibt noch die Bestimmung der Umlaufszahl der Maschine, um die geleistete Arbeit, d. h. die indizierte Arbeit berechnen zu können. Dazu zählt man nach dem Sekundenzeiger entweder die Hübe eines Ventilhebels, am besten mit Auflegen der Hand, die mit 2 zu multiplizieren sind, da die Nockenwelle nur die halben Umdrehungen der Hauptrolle macht. Oder man mißt mit Hilfe eines Umlaufzählers (nicht Umlaufanzeigers — Pendeltachometers — weil zu ungenau) unmittelbar die Umdrehungszahl der Hauptwelle.

Für den vorliegenden Zweck ist nur die in der Sekunde geleistete Arbeit von Interesse. Diese Arbeit wird in der Weise bestimmt, daß man die Kraft mit dem durch diese in der Kraftrichtung pro Sekunde zurückgelegten Weg multipliziert. Die auf den Kolben wirkende Kraft ergibt sich durch Multiplikation des mittleren Druckes (in vorliegendem Falle 7 Atm.) mit der Kolbenfläche. Ist der Kolbendurchmesser z. B. 285 mm, daher die Kolbenfläche 638 cm², so ist die Kraft:

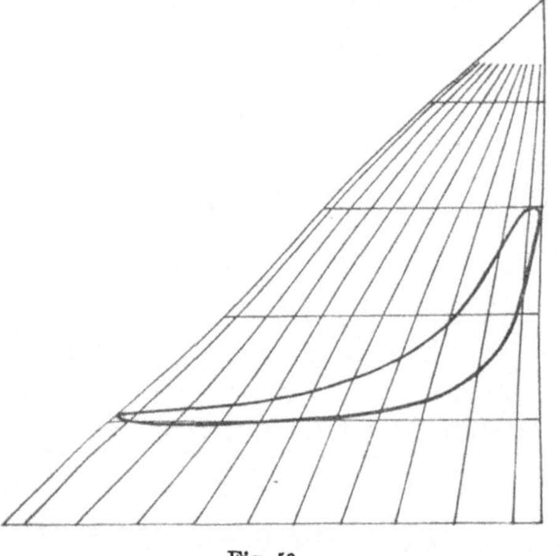

Fig. 58.

$$638 \times 7 = 4466 \text{ kg.}$$

Der in der Sekunde zurückgelegte Weg der Kraft bzw. des Kolbens ist gleich der mittleren Geschwindigkeit des Kolbens, welche in der Weise berechnet wird, daß man den Hub (0,45 m) mit der Umlaufszahl (n = 240) multipliziert und das Ergebnis durch 30 dividiert.

$$\text{Kolbengeschwindigkeit} = \frac{0{,}45 \times 240}{30} = 3{,}6 \text{ m/sek.}$$

Bei Viertaktmotoren, wo auf zwei Umdrehungen nur eine Zündung fällt (für einen Zylinder), ist die Arbeit

$$\frac{4466 \times 3{,}6}{4} = 4000 \text{ m kg/sek.}$$

Wird diese Zahl durch 75 dividiert, so erhält man die Arbeit in Pferdestärken:

$$\frac{4000}{75} = 53,2 \text{ indizierte Pferdestärken.}$$

Kurz zusammengefaßt, wird die indizierte Pferdestärke für Viertaktmaschinen in der Weise berechnet, daß man die Kolbenoberfläche (in Quadratzentimetern) mit dem mittleren indizierten Druck (in Atmosphären), dem Kolbenhub (in Metern) und mit der minutlichen Umlaufszahl multipliziert und so die gewonnene Zahl durch $4 \times 75 \times 30 = 9000$ dividiert.

Durch die Welle wird aber nicht die indizierte Arbeit bzw. indizierten Pferdestärken abgegeben, sondern die effektiven Pferdestärken, die kleiner sind als die indizierten. Der Unterschied der beiden ist der Verlust der Maschine an Reibungsarbeit, Luftpumpenarbeit usw., d. h. dieser Teil der indizierten Arbeit kann nicht nutzbar gemacht werden. Das Verhältnis:

$$\frac{\text{effektive Pferdestärke}}{\text{indizierte Pferdestärke}}$$

wird mechanischer oder Betriebswirkungsgrad genannt, und kann als Maßstab der verschiedenen Verluste gelten. Je höher dieser Wirkungsgrad ist, um so geringer sind die Eigenverluste der Maschine, also um so größer ist der Anteil der effektiven Arbeit an der indizierten.

Die effektive Arbeit kann nur durch Abbremsung der Maschine ermittelt werden, wobei die geleistete Arbeit vernichtet wird, und zwar so, daß diese Arbeit gleichzeitig gemessen werden kann. In der Praxis werden mechanische Bremsapparate (Pronyscher Zaum, Wasserbremse, Brandbremsen usw.) oder elektrische Bremsen (Generator, Wirbelstrombremsen usw.) verwendet. Die mechanischen Bremsen werden auf der Hauptwelle montiert, während die elektrischen Bremsen auch durch Riemen angetrieben werden können. Sehr oft steht eine elektrische Bremse (Generator) zur Verfügung, in welchem Falle die effektive Belastung sehr bequem und rasch bestimmt werden kann. An der Schalttafel wird bei Gleichstrom die Spannung (220 Volt) und die Stromstärke (112 Ampère) abgelesen. Multipliziert man die beiden Zahlen: $220 \times 112 = 24700$ Watt, so ergibt dies die in der Sekunde geleistete Arbeit. (1000 Watt sind $= 1$ Kilowatt.) Dividiert man die Zahl der Watts durch 736, so erhält man die effektive Pferdestärke, an der Schalttafel gemessen, $\frac{24700}{736} = 34$ PS.

Soll nun die auf der Maschinenwelle geleistete Arbeit bestimmt werden, so ist der obige Wert (34 PS.) durch den Wirkungsgrad des Generators und event. des Riemenantriebes zu dividieren. Beträgt derselbe 0,91, so ist die effektive Arbeit an der Welle der Maschine gemessen $34 : 0,91 = 37,4$. Der Betriebswirkungsgrad ist alsdann

$$\frac{37,4}{53,2} = 70,2 \,^0/_0.$$

Zusammengefaßt:

$$\frac{\text{Spannung} \times \text{Stromstärke}}{736 \times \text{elektrischer Wirkungsgrad} \times \text{Riemenantriebswirkungsgrad}}$$

ergibt die effektive Pferdestärke.

$$1 \text{ Kilowatt } \frac{1000}{736} = 1{,}37 \text{ PS.}$$

Bei Drehstrommotoren ist der fragliche Wert am geeignetsten mittels eines Kilowattmessers zu messen, denn eine genaue Berechnung ist zufolge Unsicherheit des Phasenverschiebungsfaktors nicht recht möglich. Annähernd ist die Kilowattzahl bei Belastung mit Selbstinduktion gleich:

$$\text{Spannung} \times \text{Stromstärke} \times 1{,}73 \times 0{,}7,$$

wobei 0,7 einen mittleren Wert des Belastungsfaktors bedeutet. Handelt es sich um eine Belastung ohne Selbstinduktion, so rechnet man anstatt 0,7 mit 1.

Außer der indizierten und effektiven Leistung ist noch der Brennstoffverbrauch von Wichtigkeit. Steht hierzu ein Flüssigkeitsmesser zur Verfügung, so kann man den stündlichen Brennstoffverbrauch ohne weiteres messen. Mangels eines solchen Apparates muß man eine Wage zu Hilfe nehmen. Der Vorgang ist dabei folgender: man schließt an die Brennstoffpumpe ein kleines Gefäß von etwa 400—500 l Inhalt an und stellt es auf eine Wage. Man notiert den Zeitpunkt, wenn die Zungen der Wagen einspielen, nimmt alsdann ein bestimmtes Gewicht von der Wage ab und notiert den Zeitpunkt, wenn die Zungen wieder einspielen. Der Zeitunterschied gibt jene Zeit an, während welcher die dem (von der Wage herabgenommenen) Gewicht entsprechende Brennstoffmenge verbraucht wurde. Ist z. B. in 40 Minuten 5,2 kg Brennstoff verbraucht worden, so ist der Verbrauch pro Minute

$$5{,}2 : 40 = 0{,}13 \text{ kg}$$

und pro Stunde

$$0{,}13 \times 60 = 7{,}8 \text{ kg.}$$

Der indizierte Brennstoffverbrauch ist dann:

$$\frac{7{,}8}{53{,}2} = 146 \text{ g}$$

und der effektive Brennstoffverbrauch:

$$\frac{7{,}8}{37{,}4} = 208 \text{ g.}$$

Bei den Versuchen ist darauf zu achten, daß sowohl die Umlaufszahl, als auch die Belastung unverändert bleiben. Diagramme sollen möglichst alle 5 Minuten aufgenommen werden, wobei gleichzeitig die Umlaufszahlen zu messen sind; der Versuch soll mindestens 1 Stunde dauern und darf mit demselben erst begonnen werden, wenn sich die Maschine bei der zu messenden Belastung im Beharrungszustand befindet.

XXIII. Brennstoffe für Dieselmaschinen.

Die Bedeutung der Dieselmaschine liegt darin, daß durch das in ihr verwirklichte Prinzip der Selbstzündung durch hohe Kompression die Möglichkeit zur Verwendung von hochsiedenden flüssigen Brennstoffen gegeben wurde. Diese flüssigen Brennstoffe kommen in der Natur vor und zwar in natürlichen Quellen, bzw. werden sie durch Bohrungen aufgeschlossen.

Diese Öle standen anfänglich in großen Mengen zu billigsten Preisen zur Verfügung, da weit mehr Öl gefördert als verwendet wurde. Man verwendete den Brennstoff so, wie er aus der Erde gewonnen wurde, also ohne ihn durch Raffinierung zu veredeln. Als aber die Nachfrage nach Petroleum für Beleuchtung und Benzin für Kraftwagenbetrieb immer mehr wuchs, zerlegte man die Rohöle durch Raffinierung in die Gruppe der niedrigsiedenden, d. s. die Benzine, der mittelsiedenden, d. s. die Leuchtöle (Petroleum) und der hochsiedenden, d. s. die sogen. Gasöle. Diese letzteren sind nun die für die Dieselmaschinen brauchbarsten Brennstoffe und deren Herstellung hat durch die wachsende Verwendung dieser Maschinen einen großen Aufschwung genommen.

Die Charakteristiken dieses, auch heute noch für die Dieselmaschinen wichtigsten und verbreitetsten Öles sind:

Spez. Gewicht 0,88—0,93; unterer Heizwert ca. 10000 WE/kg.

Von dem raschen Ansteigen der Gesamtförderung von Rohölen, aus denen die erwähnten 3 Gruppen herausdestilliert werden, gibt die nachstehende Zahlentafel Aufschluß:

	1899	1900	1903	1906	1908	1909
ungefähr	20	20	23	29	36,5	40

Millionen Tons.

Da mit der größeren Nachfrage nach Brennstoffen aber auch deren Preis stieg, so sah man sich bald veranlaßt, nach billigeren Brennstoffen Umschau zu halten, die auch in den rohölarmen Ländern in ausreichender Menge zu finden waren.

Das bei der Destillation der Braunkohle ausfallende Teeröl, Paraffinöl, ist in seiner käuflichen Form im allgemeinen als Treiböl für Dieselmaschinen geeignet. Der Paraffingehalt selbst hat eigentlich keinen Einfluß auf die Verwendbarkeit dieses Treiböles; da aber gleichzeitig mit dem Paraffin auch andere schädliche Bestandteile in diesem Öl vorhanden sein können, hat der Paraffingehalt als Kennzeichen für die Qualität des Treiböles zu gelten.

In der Praxis verwendet man Treiböle mit höchstens 1 % Paraffingehalt, obwohl Rieppel auch mit 2 % Paraffingehalt gute Resultate erzielt hat.

Durch trockene Destillation von Braunkohle werden folgende Produkte erhalten:

Braunkohle

Destillate			Rückstände
Leichtöl　Paraffinöl		Paraffin	Asphalt
			Pech

Die Charakteristiken des Paraffinöles sind:

Spez. Gewicht 0,85—0,89 mit unterem Heizwert von 9800—10000 WE/kg.

In bedeutend größeren Mengen aber stehen die aus den Koksereien, bzw. bei der Gasfabrikation abfallenden Steinkohlenteere zur Verfügung, die jedoch wegen des meist zu hohen Wassergehaltes und kleinen Koksteilen ohne weitere Verarbeitung nicht zu gebrauchen sind. Werden diese Teere weiter destilliert, so erhält man außer dem wertvollen Leichtöl, dem Benzol, ein Schweröl, das unter dem Namen Steinkohlenteeröl heute schon eine ausgedehnte Anwendung gefunden hat.

Bei der trockenen Destillation der Steinkohle werden folgende Produkte erhalten:

Steinkohle

Destillate		Schmieröl	Rückstände
Leichtöl	Mittelöl	Kreozot　Antracen	
(Benzol)		Teeröl	

Das Steinkohlenteeröl hat folgende Charakteristiken:

Spez. Gewicht 1,0—1,1 mit Heizwert 8850—9500.

Anfänglich ergaben sich bei der Verbrennung dieses Brennstoffes im Dieselmotor große Schwierigkeiten, da, wie Versuche zeigten, die Geschwindigkeit der Ölgasbildung der Rohöldestillate und Braunkohlenteeröle ein Vielfaches der Steinkohlenteeröle ist. Zugleich wurde erwiesen, daß die Kompressionswärme bei normalen Dieselmaschinen hinlänglich genügt, um eine rasche entsprechende Ölgasbildung aus Rohöldestillaten und Braunkohlenteerölen zu erzeugen, was bei Steinkohlenteerölen nicht zutrifft. Man ging deshalb zu einer Kompression zwischen 35—40 Atm. über, aber auch hiermit allein kam man nicht zum Ziel. Wohl genügte die Wärmeentwicklung bei Vollast bis $^2/_3$ Belastung herunter, zur Erzielung eines einwandfreien Teerölbetriebes, unter dieser Belastung aber traten heftige Stöße nach aussetzenden Zündungen auf. Nach anfänglichen Versuchen der Mischung von Teeröl mit einem leichtentzündlichen Öl, etwa Gasöl, fand man einen Ausweg darin, daß man von letzterem nur einige Tropfen als Zündöl voreinzuspritzen brauchte, um eine sichere Zündung auch bei geringer Belastung und Leerlauf zu erzielen. Man kann den Zündölbetrieb nun entweder so führen, daß man die Pumpen für beide Brennstoffe der Regelung durch den Regulator unterwirft und zwar so, daß man die größte Zündölmenge bei Leerlauf einführt und dieselbe dann bei $^3/_4$ Belastung ganz aufhören läßt und von da bis Vollast nur mit Teeröl allein arbeitet; bei dieser Anordnung braucht man die geringste Brennstoffmenge, hat aber 2 Pumpen und eine komplizierte Regelung in Kauf zu nehmen. Darum ziehen die meisten Firmen auch die 2. Anordnung vor, bei der vom Leerlauf bis Vollast eine ständig gleich große Zündölmenge nur durch einen Hilfskolben in das Brennstoffventil eingelagert wird, der nicht der Regelung durch den Regulator unterworfen, sondern beim Ingangsetzen der Maschine von Hand eingeschaltet wird. Dem etwas höheren Verbrauch an teuerem Zündöl steht die Einfachheit des Betriebes gegenüber.

Im weiteren Verfolg der Verwendung der Steinkohlenteere wollte man aber auch gerne das Zündöl ganz vermeiden.

Die hierzu eingeschlagenen Wege (z. B. durch vorgewärmten Brennstoff und Einblaseluft) haben für die in der Praxis notwendigen Dauerbetriebe keine für endgültig anzusehende Resultate ergeben. Natürlich muß zum Anlassen ein leicht endzündlicher Anlaßbrennstoff weiterhin verwendet werden, da man bei kalter Maschine mit Teeröl nicht anlassen kann und nun schaltet man nach erfolgter Zündung auf Teeröl als Betriebsstoff um.

Nicht gelungen aber ist die Verwendung von Tooröl für kleine Dieselmaschinen (unter 25 PS.) und bei Schnelläufern, und zwar aus dem Grunde, weil die bei der Spaltung der hochmolekularen Kohlenwasserstoffe, d. h. bei der Ölgasbildung frei werdende Kohle langsam verbrennt und viel unverbrannte Kohle zurückbleibt.

Eine Mischung von Teer oder Teeröl mit anderen gut bewährten Treibölen hat zu keinem Ergebnis geführt.

Die Verwendung von Benzol (Steinkohlenteerdestillat), welches, wie bekannt, leicht verdampft, ist in Dieselmaschinen wegen der großen Wärme, die zur molekularen Spaltung notwendig ist, nicht brauchbar.

Benzin kann zwar in der Dieselmaschine verwendet werden, aber die große Verdampfungsgeschwindigkeit kann eine gute Mischung mit Luft nicht herbeiführen. Übrigens ist Benzin auch teuer und der Betrieb gefährlich.

Die Folgen des Fröstes.

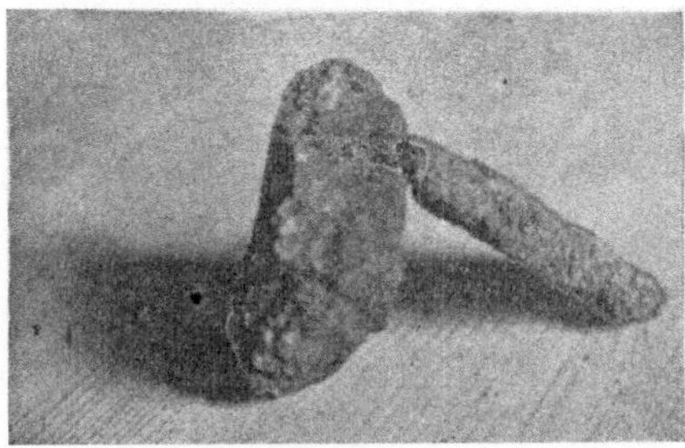

Wasserstein aus dem Wasserraum eines Ständers.

Ein verschleißtes Kolbenzapfenlager. 7 mm Luft.

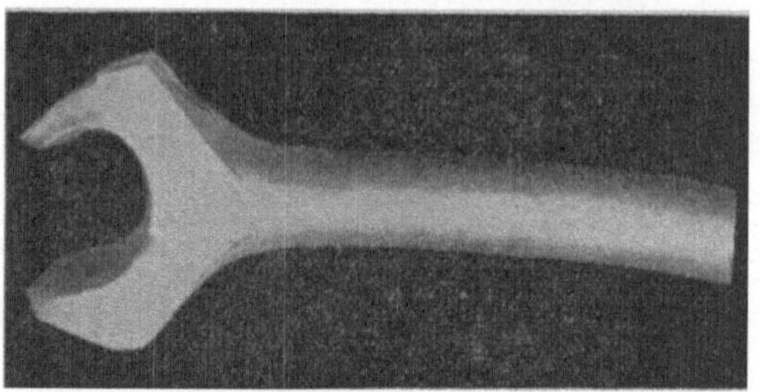

Die Folgen einer gelösten Kolbenbrenn-
platte am Einsatzzylinder.

Ein eingefressener Kolben.

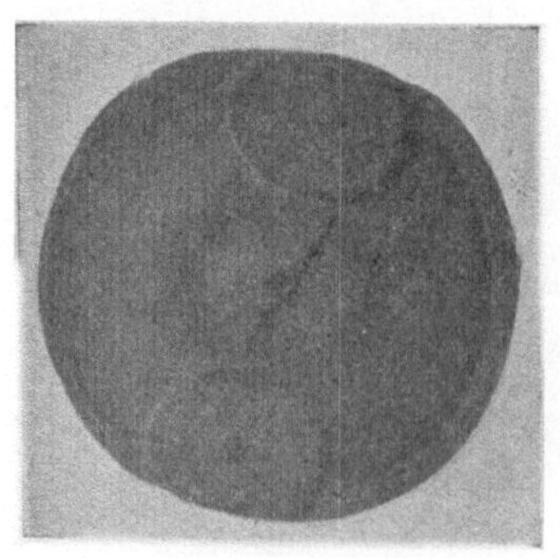

Kolbensprung.

Pleuelstangenschraubenbrüche.

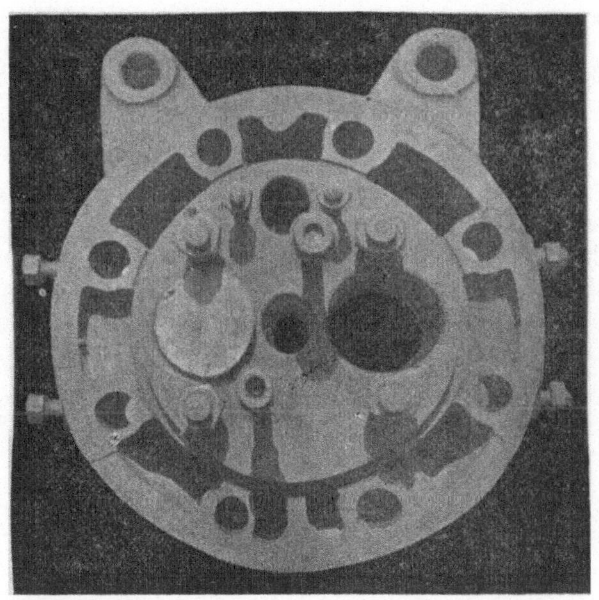

Risse an einem Zylinderdeckel wegen Frost.

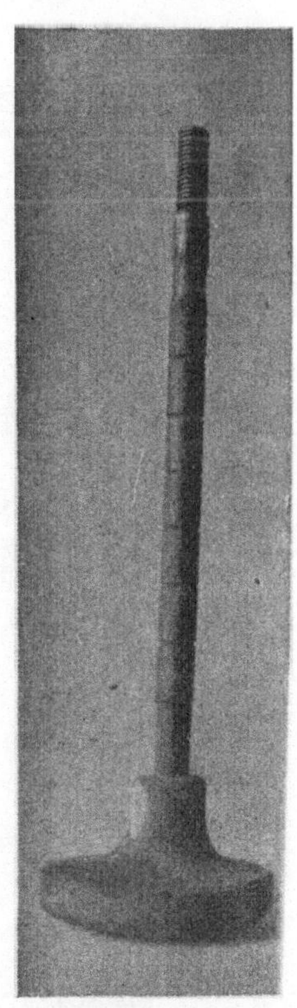

Abgebrannter Zerstäuber samt Ventil.   Ein verbranntes Auspuffventil (weisser Fleck).

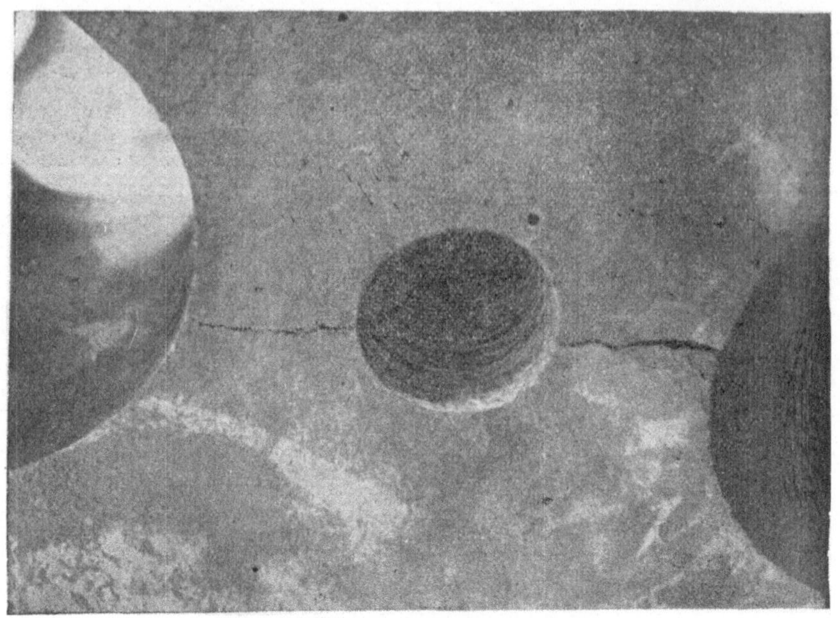

Ein gesprungener Deckel.

Die Folgen der gelösten Schraubenmutter an einem zweiteiligen Kolben.

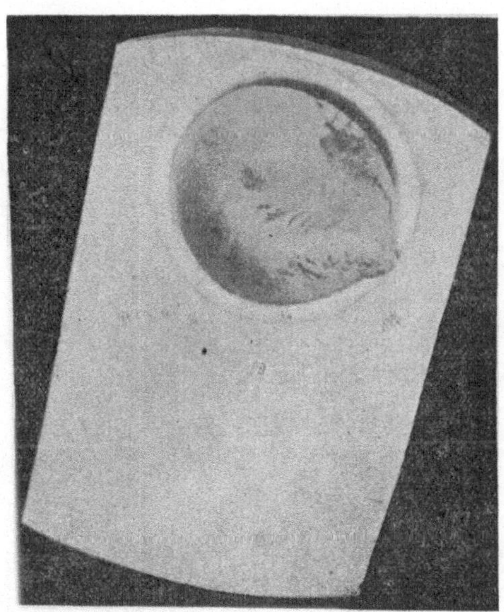

Wellenbruch.

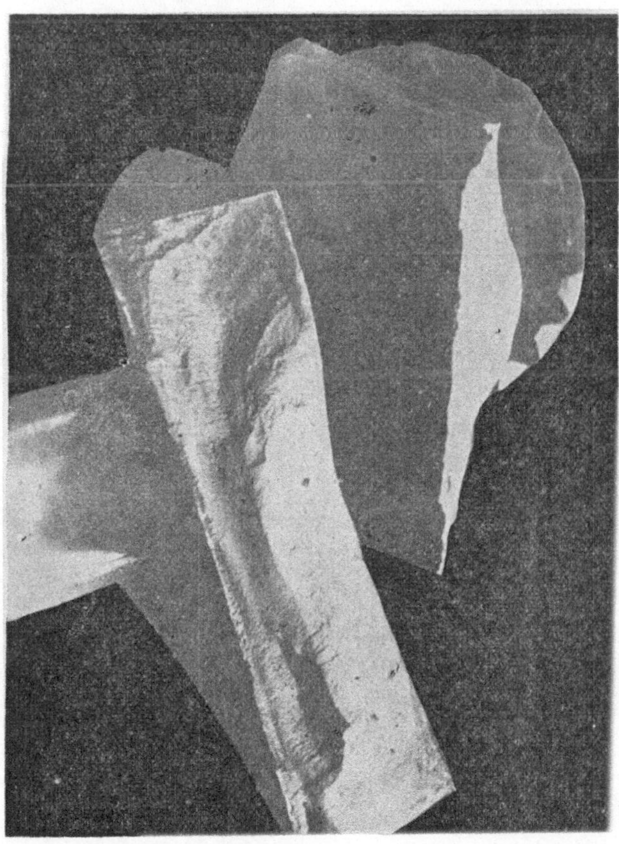

Eine gebrochene Welle.

Explosion im Einblaserohr.

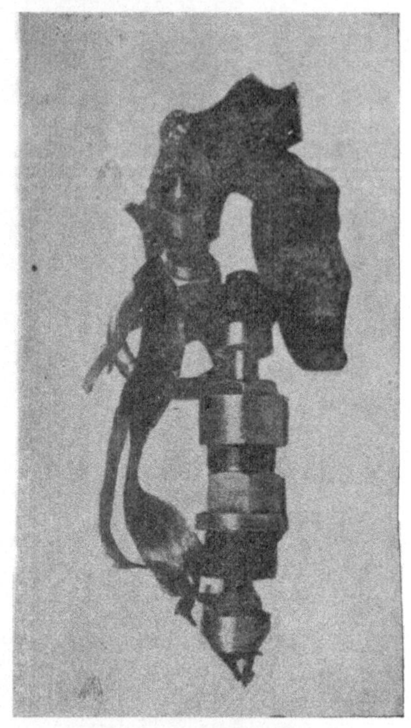

Explosion im Einblasegefäß.

Ein explodiertes Düsengehäuse mit Einblaseflaschenkopf.

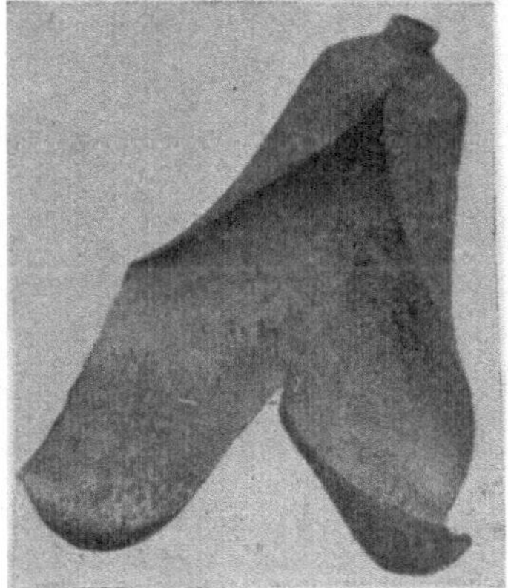

Ein geplatztes Einblasegefäß.

Verschleißter Brennstoffpumpenkolben.   Im Zylinder gefallene Ventile.

Eine beim Anlassen gebogene Pleuelstange einer Kreuzkopfmaschine.

Die Folgen des Pleuelstangenschraubenrisses.

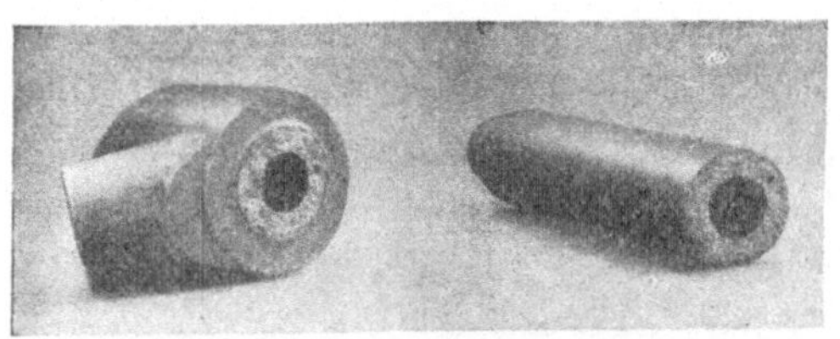

Durch Gewalt mit Beißer ausgebaute und hierdurch
gebrochene Brennstoffventile.

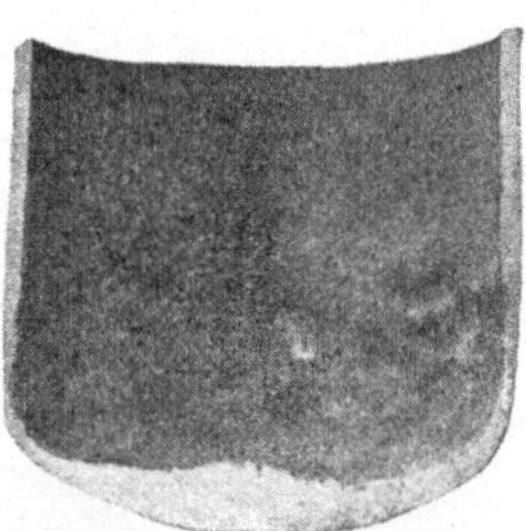

Ein durchlochtes Einblasegefäß.

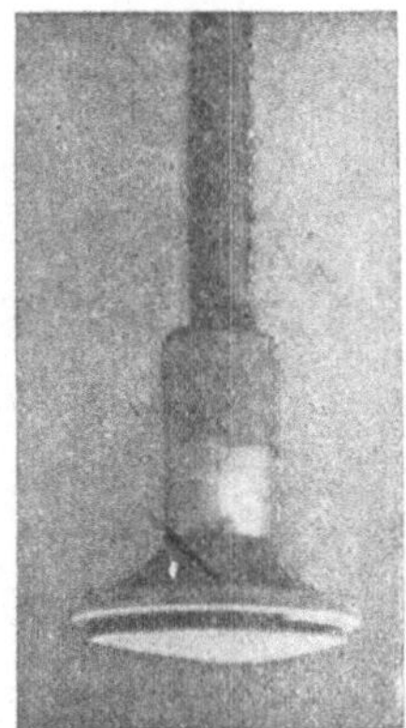

Ein am Teller verbranntes
Auspuffventil.

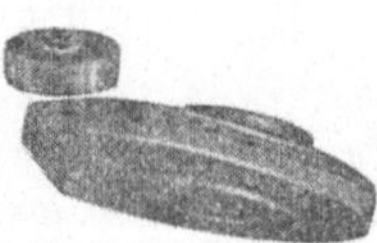

Eine verschleißte
Nockenscheibe.

Während des Betriebes
gebrochene ausgebaute Kolben-
zapfenlagerschale.